设计东方学文丛

3

郑巨欣 主编

何振纪 著

「髹饰录」新诠

中国美术学院出版社

目　录

总序

设计东方学的思维与表征

　　设计东方学，一个最新创造的名词，它既不见经传，也未传闻于坊间，何以用此作丛书名？

　　但凡生事，皆有原因。提出设计东方学，大体与"东方学"有关——一个兴起于 16 世纪末，发展于 18 世纪初，至 19 世纪宣告独立的学科。东方学最初形成于欧洲，20 世纪后，美国等欧洲以外的国家也介入其中并渐成主流。早期研究东方的欧洲人，将"东方"区分为近东（Near East，指地中海东部、亚洲西南部、阿拉伯半岛以及非洲东部国家和地区）、中东（Middle East，一般指亚洲和非洲东北部，西到利比亚，东到巴基斯坦，北到土耳其，南至阿拉伯半岛之间的地区）、远东（Far East，中国、越南、韩国、朝鲜和日本以及亚洲其他地区，如阿富汗东部等），所以东方只是相对于西方而言的某种存在。20 世纪以来有一批东方国家的学者加入该领域，因为他们拥有更加丰富和客观的本国材料，以及不同于西方的民族视野而引起人们高度和普遍的关注。由此，东方学成为一门国际间合作紧密的综合学科，其研究对象主要包括亚洲和非洲（主要指北非）的历史、经济、语言、文学、艺术等物质和精神文化。

　　然而大家都知道，现在我们熟悉的建筑设计、平面设计、工业设计、环境设计等，过去并没有出现在"东方学"语境里，甚至如今有关设计东方学的叙述和表达，也未曾被东方学研究者所了解。不过随着社会经济发展和世界格局不断的变化调整，这种缺乏沟通的局面或将有所改变，二者吸引对方的地方越来越多。

　　显而易见的是，相对于东方学，设计学毕竟年轻，就像人们通常认为的，它是近代工业和设计教育发展的产物。而东方的现代设计，不言而喻是西方在经历了约二百年发展之后才传到东方的产物。值得注意的还有，现代设计经过 20 世纪的发展，到了 21 世纪，由于经济全球化和互联网时代的到来，设计概念的内涵和外延都发生巨大变化。现在即使拿英国学者雷切尔·库珀（Rochel Cooper）和迈克·普赖斯（Mike Press）在《设计的议程》中的定义——设计即艺术、即解决问题、即创造、即各种专业的集合、即产业、即过程——来说明设计，也还会有人说，我们已经不再为设计而设计，而是在设计一种生活方式，在设计有感情的物品、会呼吸的建筑，甚至有人说设计是一种实验的艺术，是表达现代观念的民俗等。那么，在这一背景下的设计东方学，又指什么呢？

　　东方依然故我，然而有所不同的是，在以往人们记忆中的"东方"，首先是一个地理意义上的东方。如今，这个传统意义的"东方"概念已经明显不如以前那样被强调，世界扁平化和互联化趋势是一个不争的事实，但也正是因为这个事实促使我们重新认识"东方"。这个时候的"东方"，它的突出特征在于它的文化性，一种东方的特征。正是由于这样一个原因，在我看来，东方设计学不如设计东方学来得更加接近事实的本质。

至此，我们有必要将"设计"进行一番简要的解剖。不难看出，设计这个东西的内核乃是创造力，而驱使它的背后原因则是人的生活所需，并且这种需要不像纯粹艺术那般将情感作为首要表达，而是往往通过满足于实用来获得某种喜悦。实用的艺术，无非衣、食、住、行所及之物，所以设计始被称为造物的艺术。问题是造物有两种方式，而工业革命的结果，是用机器造物取代手工造物，所以因物生情的结果，自然也就有所不同了。

用手工造物，在过去不仅是东方的传统，同时也是西方的传统。但是，在二百多年前的英国，由于工业革命而导致了一场设计史上影响深远的艺术与手工艺运动。旗帜鲜明的是当时颇具号召力的诗人、艺术家约翰·罗斯金 (John Ruskin) 对机械生产的严厉批评，其主旨诚如他在《威尼斯之石》中指出的："只有人工制品才是人类的心灵之作，才能体现人的基本特性。如果按照机器的方式去制作人的手臂，或要求人的手指像机器那样去制作齿轮，其结果必将导致人性的丧失。"这一思想虽然没有挽回往日欧洲手工艺的辉煌，但其影响却一直持续至今。但是与以往欧洲不同的是，手工艺精神和传统在东方的中国、日本、印度和中亚地区却一直延续至今，为此作为现代设计开端的包豪斯在强调其手工艺的重要性时，也绕不开从东方的造物中获取灵感，这一点已经被越来越多的研究所表明。

当然，东方的魅力是整体的，而不是孤立的，它是对走向工业文明而越来越远离手工时代的一种反判。比如，深刻影响西方权贵阶层的"神智学"，乃是源于乌克兰人海伦娜·布拉瓦茨基（Helena Blavatsky）的印度和中国西藏的旅行体验；弗里德里希·威廉·尼采（德语：Friedrich Wilhelm Nietzsche）比罗斯金更加彻底地砸碎了旧的价值和理想观，而最简洁表达出他思想的，乃是借查拉图斯特拉（Zarathustra）之口说出的话："上帝死了！"事实上这些都归于20世纪以后，人们厌倦工业环境、缅怀手工时代，关注"东方"的表现形式。

所以，设计东方学不只研究固定在特定地理位置的东方设计，也不局限于以研究东方国家的东方设计为目标。因为每一位深谙历史是缓慢演变过程的中国人都非常清楚，作为一门学问的东方设计学，是不宜将"东方"作为孤立的、不可比较的要素，而只有将"东方性"作为特定的和有生命力的研究对象，以方法论为基础来建构具有世界普遍价值的"设计东方学"，才是客观和应有的学术态度。

但是，当我们抱持一种开放的新态度，在洞察东西文化的特性和共通性中，不难发现某些具有所谓"东方特点"的东西，它们或为主从关系，或为融合关系，不仅存在于东方文化，同时包含在西方文化中。因为在这个过程中无论是东方还是西方，人们处理异域知识的方法，都是将其转化到自身文化语境或本身的知识分类体系之中。所以我们不能把"东方特点"等同于中国特点，而只有证明这些"东方特点"源于中国才能将其纳入研究的范畴。尤其是现今世界为中国提供主导设计机会时，与其全力彰显中国作为东方设计大国的形象，不如多从文化的角度研究设计的东方特点——即通过深掘内涵，甄别出那些真正属于中国的东方设计，从而企及世界的普遍性价值——更具长远意义。

为此，我们不能不关注以下几个方面在设计中的潜在作用。

在时间上渐行渐远的儒道之学，反而越来越被现代设计所需要。儒学强调自省内修和追求整体和谐的道理，并从社会、文化和历史三者之间以日常生活为着眼点，解读社会结构、历史进程和个体的物质与精神再生产关系这个基本表征，正是基于世界普遍性考虑的设计东方学所需要的。它区别于西方文化中那种突出强烈自我表现的，以及试图从社会、文化和历史中抽象出设计的独立意义和价值的考虑。事实上，研究设计东方学既做不到像纯科学研究那样，主动地或者自我要求被"超越"甚至"取代"；也不至于要求像纯艺术创作那样追求不变的美学经典。它所追求的是不断变化中的恒久永驻，就像中国文化离不开儒家、道家等思想根源，我们讨论中国设计思维的东方特点，也必须立足于满足日常生活需要这个根本，只有坚持儒道互补，才能更好地解决一系列在现代设计发展中遇到的问题。

道家以无为得无不为，是为理性束缚设计创造力的解方。李约瑟说道家所说的道，不是人类社会所依循的人道，乃是宇宙运行的天道，换言之，即自然的法则，其实并不全面。《道德经》第五十一章："道生之，德畜之，物形之，势成之，是以万物莫不尊道而贵德。"在这里，老子说的生物与道所强调的思想，是一统万物的变化中的自然和永恒常在，是一种自本自根的道。它在造物设计中表现为人与技术的统一。道家中最有才华又超逸非凡的庄子，曾这样赞美尧时名匠倕："旋而盖规矩，指与物化而不以心稽，故其灵台一而不桎。"由于其造物过程是人处于忘我状态与技术演进的统一性中完成的，所以必然区别于那种单纯崇尚技术，或是把技术当作结果造成对创新的限制、妨碍。由此可见，老庄哲学不失为可资现代设计创新借鉴的一种历久弥新的设计思维。在传统观念中，技近乎道甚至是一种人生修养。

设计的情理之辩大体与儒家思想的"发于情，合乎礼"相契。对此，我们不能仅仅单一地用来形容和解释男女交往，其实孔子讲"仁"的实质，并非止于伦理道德，它还表达了观念与现实之间的关系，并具有在"止于至善"中求得圆满的意义。而通常被解释作达到极完美境界的"上善若水"，其主旨则是托物言志和抒情，意在强调人与人之间合作、交流的重要性。设计之于世界发展的重要价值和意义之一，便是借助于设计来促进世界的和谐共处和共生。

不可否认，以工艺手段为基本的东方造物，相对于科学理性的现代机械设计，具有不可言说的突出特征。它与西方传统观念中认为的，凡是知道的，就一定能言说，不能说出来的，就不是真正知道的这种说法形成了鲜明的对比。诚如匈牙利裔英国哲学家卡尔·波兰尼（Karl Polanyi）所言：我们所知道的，往往多于我们能够言说的。事实上，表达含蓄的东方式造物与表达直接的西方理性设计之间，并不是相反的关系，而是对等互补的关系。

在世界设计格局中，自省内修、整体和谐及其默会知识的特点虽然为中国设计所强调，但从中国设计走向世界的角度，我以为下列传统应当引起我们的关注：一是将技术纳入"神话

——巫术存在秩序"，所谓"百工各尊其神"在中国古代青铜器、丝绸、瓷器、漆品等器物设计、生产和使用中皆有表现；二是"天人合一""寓意吉祥"题材的广泛使用和对技术自然性喜好的表现；三是在农耕文化背景下产生的地点统一性和乡愁情感束缚。作为东方文化特点，当它们面向世界的时候，其实是优势局限并存。

总之，如果在强调回归于东方文化的自省内修的同时，不接受向外发展的西方文化，并且做不到循环往复于东方和西方之间，那么这种体现东方特点的设计就会停滞不前。尤其是随着互联网的发展，人们对文化和空间差异性的重视程度不断提高，原来那种把知识看成绝对客观和普遍统一的观念，越来越多地转移聚焦在地方性知识能否普遍化的问题上来，这也使得描述地方性文化能在多大程度上避免偏见等问题引起了人们的高度关注。就像一些批评家指出的，萨义德（Edward Wadie Said）在《东方学》中对于西方的话语分析和他所宣称的西方对"东方"的话语分析，同样因为没有详细区分各自内部不同的声音而显得简单和粗暴。所以，设计需要标明"你从哪里来"，而倡导设计东方学，就是在内省与提升、磨炼与开放中，显现思维与表征的东方特点，为襄助世界设计鸠工庀材。也许，当将来设计东方学被越来越多的人所熟悉、认同的时候，我们便会想起民间一句俗语：寓意总是在寓言创造之后被理解。

郑巨欣

2017 年 4 月 21 日

引 言

在悠长的中国漆艺史上，明代漆工黄成所著的两卷《髹饰录》是迄今所见唯一一部得以流传下来的中国古代漆艺专著。书中所记录的内容系统而多样，涉及漆工历史、工具设备、加工材料，以及各种工法守则、漆艺分类、漆器鉴赏等诸多方面，从撰述内容以至方式皆体现出了中国文化特征。此书历来被中国古代漆艺史研究者捧为经典，有关中国设计史、技术史以及文化史研究的诸多领域亦将其纳入研究视野当中。因此，这部著作是中国古代漆艺文化研究最为宝贵的文献资料，并在东方工艺与设计文献研究领域里占有一席之地。

《髹饰录》诞生自明代，这正是汉唐以降中国另一个漆艺的黄金时期。汉唐之间所出现的漆艺品种尚不算多，而至明代所见的漆艺种类却已非常丰富。今见所有漆艺种类在明代也已基本形成，而历代漆器能流传至今的，除了更近的清代就要数明代的数量最为庞大了。明代漆器的生产不但极为繁盛，而且流通广泛，许多漆艺产品运转四方，享誉国际。《髹饰录》的作者黄成便生活在这样一个经济繁荣、漆艺流行的时代。他所著作的这本名为《髹饰录》的小书也借助于其时频繁的中外文化交流而得以流传至今。

今对《髹饰录》的作者黄成的身世所知甚少，仅知他出身于安徽新安，并活跃于隆庆年间（1567—1572）。据今见《髹饰录》抄本上注释者杨明所作序言之后署有日期天启五年（1625）推测，《髹饰录》的内容便应定格于嘉靖（1521—1567）、隆庆至天启五年之间，记录着当时的漆艺知识。以这个时间段为中心，《髹饰录》也常被作为明代晚期漆艺状况的反映。

所谓明代晚期，史学界向来惯于将万历年间（1572—1620）至弘光灭亡（1644）作为其时间区间。[1]当然，无论是以万历登基为始，还是从张居正身死（1582）算起，政治气氛的变迁及其与文化情景之间的互动皆微妙至极。艺术既与文化共生，其中的变幻当然也会发生相互牵引。但就明代的漆艺而论，《髹饰录》的研究作为本文的讨论主题，尽管万历年与黄成写作此书的时间及至杨明作注之间几乎重叠，笔者仍然希望此书探讨的不仅仅是明代晚期的漆艺史，而是有关该书对于研究明代漆艺思想以及探索中国漆艺传统的价值所在。

过往与本文同以《髹饰录》为主题的漆艺论述，国内尤以文物学家王世襄著作于1958年的《髹饰录解说》影响最为巨大，数十年来备受国内外同行所倚重。此外，还有文物学家索

1.　关于晚明时期见谢国桢：《晚明史籍考》，上海：上海古籍出版社，1981 年；樊树志：《晚明史（1573—1644）》，上海：复旦大学出版社，2003 年；Frederick W. Mote, Denis Twitchett, eds. The Cambridge History of China. Volume 7, The Ming Dynasty, 1368–1644. Cambridge University Press, 1988.

予明、漆艺家何豪亮、漆艺学者长北等人的相关著述亦相当重要。与此同时，国外有关《髹饰录》的研究也十分丰富。例如对《髹饰录》的研究较中国开始得更早的日本，其研究之深入，成果累累。在此方面的著名研究者有美术史家今泉雄作、漆艺家六角紫水、漆工史学者荒川浩和、东洋史学者佐藤武敏、漆艺家坂部幸太郎、漆艺家田川真千子……他们对《髹饰录》的研究贡献殊多。除了日本的一批专家学者之外，来自英国的艺术史家柯律格（Craig Clunas）在1997年发表了一篇以《髹饰录》为研究主题的文章，甚可视之为西方学界在上世纪末研究《髹饰录》的代表之作。

　　如将海内外诸家的相关研究作一个横向的比较，便不难发现关于《髹饰录》的研究在过去的一百年间，呈现出了一种兼收并蓄的倾向。可以说，在过去的数十年里，《髹饰录》在漆艺文化史研究领域内扮演的角色渐趋多样。这明显是受到了所谓“跨学科”[interdisciplinary]研究潮流的影响。其实，知识本来就是一个共同的整体，学科间亦并无绝对的分界，关键是学科间的互动能产生有益的效果。正如艺术史家恩斯特·贡布里希（E. H. Gombrich）所言：“有头脑的读者不论阅读哪部原典都定然会提出一些问题，今天这些问题会把他带进语言学，明天带进历史学，下星期大概会把他带进社会学研究。”[2]

2.　恩斯特·贡布里希：《人文科学的研究：理想与偶像》，《理想与偶像》，上海：上海人民美术出版社，1989年，第203页；原文见 E.H. Gombrich, "Research in the Humanities : Ideals and Idols", in Ideals and Idols : Essays on Values in History and in Art. London : Phaidon Press, 1979.

　　由此，通过对不同方面进行交叉比较，本书将同时关注于《髹饰录》研究的"外部"与"内部"情况。所谓"外部"，既包括历来对《髹饰录》的研究与评介情况，又包括其成书背景、抄刻、传播等方面；而"内部"，则是有关《髹饰录》内容的写作、修辞以及书中所描述的知识以及思想观念诸方面。笔者相信，要发掘《髹饰录》的意义，需要将之代入不同情景之中互作参照，方能触及《髹饰录》的实质。这也是本书最终以《髹饰录》的研究史、版本流传、作者背景、书写内容、工艺试验五章编连起来展开讨论的依据。

上　篇

第一章 《髹饰录》研究小史

一、中国的《髹饰录》研究

"书籍各有其命运" [Habent sua fata libelli pro capite lectoris]。[1]《髹饰录》约在清乾嘉时代（1735—1820）于中国失传，仅以手抄本的形式流传于日本。1927年，民国大儒朱启钤从美术史家大村西崖处获得蒹葭堂藏《髹饰录》抄本并印行国内，使得这部早被遗忘的奇书失而复得，从而揭开了中国国内对《髹饰录》研究的序幕。

阚氏《髹饰录笺证》

早在刊印蒹葭堂本《髹饰录》之前，朱启钤便率先与大村西崖对抄本原文进行过修订，并且为了恢复明本旧貌，将寿碌堂主人的眉批及案语增补剔出，经由阚铎辑校后附印于丁卯本

---

1. 语出古罗马作家茅儒斯（Terentianus Maurus）。[This quotation, line 255 from *De litteris, syllabis, et metris* (c. 240 A. D.) by Terentianus Maurus, correctly reads *Pro captu lectoris habentsua fata libelli*, "The fate of books depends upon the head (understanding) of the reader."], Leo Tolstoy, trans. Aylmer Maude, What Is Art? The Liberal Arts Press, 1996. p.64.

《髹饰录》书后，是为《髹饰录笺证》。[2]寿碌堂主人的笔记被剔出后，使得文面更为清晰；而朱氏的校订更订了抄本原文中的许多错字，令丁卯本更便于阅读；阚铎对笺证的辑校也明晰了寿碌堂主人的各种批注。

不过，朱氏的校订也有所纰漏。例如，"皆示以功以法"，脱"示"字；[3]"五行全而百物生焉"，脱"百"字；[4]"钿螺玉珧老蚌等之壳也"错改为"细螺玉珧老蚌等之壳也"；[5]"描金殽沙金"错改为"描金散沙金"；[6]"五彩金钿并施"错改为"五彩金细并施"；[7]"与戗金细钩描漆相似"，脱"细"字；[8]"合缝粘者"错改为"合缝黏者"；[9]"皆扁绦缚定"错改为"皆區绦缚定"；[10]"灰毕而和糙漆"错改为"灰毕而加糙漆"；[11]等等。但这些皆是微瑕，并未对文本内容的阅读理解产生很大影响。

此外，朱氏丁卯本所录阚铎辑校的《髹饰录笺证》虽然名为"日本寿碌堂主人原本"，但阚氏在其中补充了不少内容。包括："牝梁牡梁""冰蚕""康老子所卖""雺起于朝起于

2. 〔明〕黄成著、杨明注：《髹饰录》阚铎辑校，朱启钤校订，朱氏丁卯刊本，1927 年。
3. 同上，第 1 页。
4. 同上。
5. 同上，第 11 页。
6. 同上，第 12 页。
7. 同上，第 13 页。
8. 同上，第 14 页。
9. 同上，第 15 页。
10. 同上。
11. 同上。

暮""潇""朽""朌""坏屑""斫絮""笔觇""襞""皱
皵""犀皮或作西皮或西毗""阳识其文漆堆挺出""缝
緎""棬榡""蜃窗边棱"等各条笺证。[12]由于"阚笺"与"寿
笺"混合在一起而未加说明，因而后来造成王世襄据朱氏丁卯本
《髹饰录》进行解说时又未加区分，将整个《髹饰录笺证》当作
"寿笺"插入文中。

王氏《髹饰录解说》

朱氏与阚氏整理并印行《髹饰录》后，于1927年初版印行
了两百本，其中一半被寄往日本原藏书者作为酬谢，国内仅存
一百本。原所刻木板藏于天津，却罹于战火。阚铎后来又在大
连将初版的丁卯本缩印了部分，但大多流入日本书肆，国内鲜
见流传。[13]直到1949年，王世襄考察美、加两国博物馆归来，与
朱氏相谈间谈到海外博物馆对吾国髹漆之重视，朱即出示《髹
饰录》，并以纂写解说之事相劝。此后数年，王氏旁征各种中
外文献，博引历代古器，并求教于名工匠师，终成洋洋洒洒数
十万字解说。（图1.1）

王世襄《髹饰录解说》依据的是朱氏所斠校的《髹饰录》
丁卯本，此时王氏又在朱氏的基础上结合自己的理解对丁卯版
《髹饰录》作了些许校订。例如，"带青者用薰黄"，被易为

---

12. 阚铎辑校：《髹饰录笺证》，朱启钤校订，［明］黄成著、杨明注：《髹饰录》阚
铎辑校，朱启钤校订，朱氏丁卯刊本，1927年。

13. 王世襄：《髹饰录解说》，朱启钤：《〈髹饰录解说〉序》，北京：文物出版社，
1983年，第13—14页。

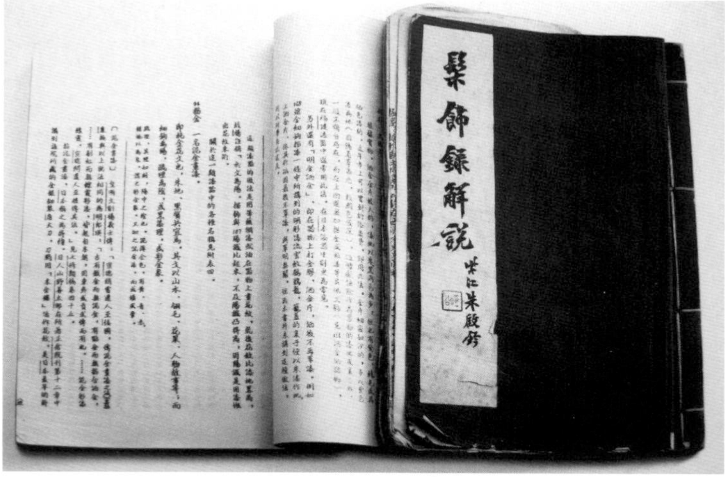

图1.1 王世襄《髹饰录解说》（油印版，1958年）

“带青者用薑黄”；[14]“比色漆则殊鲜焉”，易为“此色漆则殊鲜焉”；[15]“易黴黑也”，易为“易霉黑也”；[16]“总精密细致如画为妙”，易为“总以精密细致如画为妙”；[17]“理钩皆綵”，易为“理钩皆彩”；[18]“黄锦者黄地者次之”，易为“黄锦者黄地者似之”；[19]“沉重紧密乃嵌法也”，易为“沈重紧密乃嵌法也”；[20]“又者赤糙黄糙”，易为“又有赤糙黄糙”；[21]“所

14. 王世襄：《髹饰录解说》，北京：文物出版社，1983 年，第 72 页。
15. 同上，第 76 页。
16. 同上。
17. 同上，第 101 页。
18. 同上，第 114 页。
19. 同上，第 119 页。
20. 同上，第 134 页。
21. 同上，第 174 页。

以温古而知新"，易为"温故而知新"；[22] "互异其色而不擤痕迹"，易为"互异其色而不掩痕迹"；[23]等等。除对原文作某些修订外，王氏又根据丁卯本对黄文及杨注分门立类辑成共一百八十六条逐条进行解说。

王氏的解说最为显著之处在于其旁征博引，宛如一部漆工艺史论著。当中不但注重对文献考据，还详尽描述对照实物例证。例如"罩金髹"一条，他便连举故宫乾清宫宝座、清代卤簿中的钺及卧瓜、雪山大士像三例，并详述其仪轨、则例、制法。[24]又如"仿效"一条，谈到诸夷倭制，文中便遍述日本、朝鲜、越南、缅甸诸国漆艺。[25]如此触类旁通，使得王氏的解说本灿然可识。另外，由于王氏并非漆工出身，因而他在书中大量借助漆艺家沈福文所撰《漆器工艺技术资料简要》的内容，[26]并且请教漆工匠师，文中多处记录有著名漆工多宝臣的经验之谈。[27]在书后，王氏还编辑出十四项漆器门类及名称表，为出于不同工艺的漆器定名起到参考作用。[28]

1958年，解说刚完成之时王氏曾油印过一些，但其印数极少，因而未能众所得见。直至1983年，北京文物出版社才正式出版发行王氏的《髹饰录解说》。王氏的这部解说随即成为考古、美术各方对古代漆艺关注者的必读佳作。五年以后，漆艺

22. 同上，第 175 页。
23. 同上，第 177 页。
24. 同上，第 83 页。
25. 同上，第 178—184 页。
26. 沈福文：《漆器工艺技术资料简要》，《文物参考资料》，1957 年第 7 期。
27. 王世襄：《髹饰录解说》，北京：文物出版社，1983 年。
28. 同上，第 188—202 页。

家何豪亮去信王氏言："《髹饰录解说》如能再版才好。现在大城市都买不到。"[29]1998年，王氏的解说本加上了副标题，以《髹饰录解说——中国古代漆工艺研究》之名再版。文后附上了何豪亮的九十七条批注作参考，其中大部分是关于材料及做法的讨论。[30]（图1.2、图1.3）

　　王世襄的博雅好古与学通古今令《髹饰录》变得丰富多彩，进而让其《髹饰录解说》产生了划时代的影响。尽管如此，王氏解说本中还存在一些罅漏。王氏的解说依据是朱氏丁卯本《髹饰录》并将该书后所附阚铎辑校的《髹

图1.2 王世襄《髹饰录解说》（文物出版社，1983年）

图1.3 王世襄《髹饰录解说》（文物出版社，1998年）

29．王世襄：《髹饰录解说——中国传统漆工艺研究》，北京：文物出版社，1998年，第72页。

30．同上，第187—193页。

饰录笺证》全数录入解说当中，而该笺证未将"阈笺"与
"寿笺"区分，从而造成王氏解说本中所引"寿笺"内容
被混淆。例如，"宿光"条之下"（牝梁 牡梁）户钥曰
牡。《汉书》：'长安章城门门牡自亡。'锁孔曰牡。
（襄按：系牝之误）。《礼记》：'修键闭。'注：'键
牡闭牝也。'案：牡梁即今匠语公母榫也。"此条出于朱
氏丁卯本中"阈笺"，王氏解说本将其误作"寿笺"引
入。[31]又如"霞锦"条之下"（冰蚕）《拾遗记》：'员峤
山有冰蚕，长七寸，黑色，有角，有鳞。霜雪覆之，然后
作茧，长一尺，其色五彩。织为文锦，入水不濡；以之投
火，经宿不燎。唐尧之世，海人献之尧，以为黼黻。'"[32]
系朱氏丁卯本"阈笺"，王氏解说本误作"寿笺"引入；
其下"（康老子所卖）《乐府杂录》：'长安富家子名康
老子，落魄不事生计，常与国乐游处。家荡尽偶得一旧锦
褥，波斯胡识是冰蚕所织，酬之千万还与国乐追欢，不经
年复尽寻卒乐人嗟惜之遂制此曲亦名得至宝，又康老子遇
老妪持锦褥货鬻，乃以半千获之。波斯人见曰：此冰蚕丝
所织也，暑月置于座，满室清凉。'"[33]也是将朱氏丁卯
本"阈笺"误作"寿笺"引入。此外，还有"霁笼""夏
养""冬藏""寒来""昼动""土厚""桂刮""洛
现""泉涌""黑髹""犀皮""识文""皮衣""楼

---

31. 王世襄：《髹饰录解说》，北京：文物出版社，1983年，第27页。
32. 同上，第33—34页。
33. 同上，第34页。

榗"等条皆有将"阚笺"作为"寿笺"混淆插入文中的情况。

实际上，对于《髹饰录》句读的分析解读，无论是"阚笺"还是"寿笺"都无伤大雅。他们的问题在于"阚笺"和"寿笺"中的引文存在大量脱字、改字的情况，影响到阅读质量。例如前面列举的"霞锦"条之下"康老子所卖"所引《乐府杂录》的记录原文应该为："康老子即长安富家子，落魄不事生计，常与国乐游处。一旦家产荡尽，因诣西廊，偶遇一老妪，持旧锦褥货鬻，乃以半千获之。寻有波斯见，大惊，谓康曰：'何处得此至宝？此是冰蚕丝所织，若暑月陈于座，可致一室清凉。'即酬千万。康得之，还与国乐追欢，不经年复尽，寻卒。后乐人嗟惜之，遂制此曲，亦名'得至宝'。"[34]与前段所录相对照，从中可见"阚笺"的不严格。这种对古籍引文不尽严谨的使用同样出现在"寿笺"之中。例如"天运"条处"寿笺"引《辍耕录》："于旋床上胶粘而成，名'桊榗'。"其中"名曰'桊榗'"脱"曰"字；[35]接着又引《老子》："天之道，其犹张弓乎？高者抑之，下者举之，有余者损之，不足者补之。"[36]其中弃王弼本"其犹张弓欤"采"其犹张弓乎"。[37]阚铎在辑校"寿笺"时并没有勘对其中的改动，阚铎所作的部分笺文增补也存在瑕疵。

王世襄在《髹饰录解说》中并未对丁卯本中的《髹饰录笺

---

34. ［唐］段安节撰：《乐府杂录》，北京：中华书局，1985年，第37—38页。

35. ［元］陶宗仪：《辍耕录》，北京：中华书局，1958年，第375页。

36. ［明］黄成：《髹饰录》，杨明注，日本蒹葭堂藏抄本，第7页。

37. 《老子》，郑州：中州古籍出版社，2004年，第101页。

证》加以甄别并全数尽录，而王氏自己所补充的古籍引文中也存在不少脱字、改字的情况。例如"六十四过"中的"泪痕"处，王氏在"（漆慢而刷布不均之过）"处从"寿笺"引《辍耕录》："胶漆调和，令稀稠得所。又曰：若紧，再晒；若慢，加生漆。"[38]王氏解说本脱"又"字。[39]又如"戗金"条，王氏引《辍耕录》："嘉兴斜塘杨汇髹工戗金戗银法：凡器用什物，先用黑漆为地，以针刻划，或山水树石，或花竹翎毛，亭台屋宇，或人物故事，一一完整。然后用新罗漆，若鎗金则调雌黄，若鎗银则调韶粉，日晒后，角挑挑嵌所刻缝隙。以金薄依银匠所用纸糊笼罩，置金银薄在内，逐旋细切取，铺已施漆上。新锦揩拭牢实，但著漆者自然粘住，其余金银都在锦上，于熨斗中烧灰，甘锅内熔毁，浑不走失。"[40]其中，换"缝罅"为"缝隙"，换"罩金银薄"为"置金银薄"，换"坩"为"甘"，"依银匠"前脱"或以银薄"数字。[41]还有"百宝嵌"条王氏引《遵生八笺》亦脱字。[42]"合缝""垸漆"等条引文亦脱字。

在王氏解说本1998年再版之时，王氏曾谦言其所作《髹饰录解说》失解与未解之处尚多，并祈敬师友以教。[43]然而，

---

38. ［明］黄成：《髹饰录》，杨明注，日本蒹葭堂藏抄本，第23页。

39. 王世襄：《髹饰录解说》，北京：文物出版社，1983年，第53页。

40. 同上，第136—137页。

41. ［元］陶宗仪：《辍耕录》，北京：中华书局，1958年，第379页。

42. 王世襄：《髹饰录解说》，北京：文物出版社，1983年，第151页。

43. 王世襄：《髹饰录解说——中国传统漆工艺研究》，北京：文物出版社，1998年，第187页。

即便王氏解说本在一些古籍引文方面略带瑕疵，一些问题又悬而未决，但这毫不影响王氏解说本在学界的地位。王氏《髹饰录解说》仍是迄今流行最早，传播最为广泛的《髹饰录》解说版本。王氏的解说本自1958年出现始便为学界所追捧，随着此书的流播，王氏在中国漆艺理论研究领域树立了极大影响。在此后的五十年里，王氏的《髹饰录解说》成为相关文博学者的必备读物。在王氏油印本《髹饰录解说》出现十数年后，国内出现了另一个《髹饰录》解说版本，此本由台湾学者索予明所著，因其依据日本蒹葭堂所藏原《髹饰录》抄本进行解说，遂而命名为《蒹葭堂本髹饰录解说》。[44]

索氏《髹饰录解说》

索予明受雇于台北故宫博物院，自进入70年代开始着手中国古代漆工艺的研究工作。据说，索氏曾于宝岛内遍访公私收藏，却搜获朱氏丁卯本《髹饰录》未果。于是他通过李霖灿的介绍联系到当时日本东京国立文化研究所室长川上泾，由他经手向日本东京国立博物馆复印得到原蒹葭堂《髹饰录》抄本一份。随后，该抄本被连载于1972年中国台北故宫博物院所编的《图书季刊》第三卷第二期上。及后，为广泛传播，索氏便开始对蒹葭堂《髹饰录》抄本进行解说。1974年，索予明的解说本在由台湾商务印书馆出版。（图1.4）

---

44. 索予明：《蒹葭堂本髹饰录解说》，中国台北：商务印书馆，1974 年。

图1.4 索予明《蒹葭堂本髹饰录解说》（台湾商务印书馆，1974年）

索氏曾坦言其《髹饰录》解说得益于对王世襄著述的了解：

自从民国十六年，此书得与国人重面迄今，行将半个世纪了。对这本书真下过功夫作研究的学者，前此恐怕只有王畅安氏一人而已。王氏于一九五八年曾为此书注解，笔者曾见其油印初稿。……王氏对此书的研究，在国内说来，是首开风气，其功不可没的。[45]

索氏将王氏解说本列为"重要参考书之一"。[46]但索氏无意于重复王氏的写法。在盛赞王氏《髹饰录解说》卓著的同时，索氏亦谈及了对王氏解说本的意见，谓之："辗转相传，惜非全璧，内容庞博，惟略嫌其枝蔓，而不无微谬。"[47]

由于索氏所用底本直接来自东京博物馆的原蒹葭堂抄本，因而他的解说本与王氏解说本有所不同。特别是关于寿碌堂主

45. 同上，第14页。

46. 索予明：《两本〈髹饰录解说〉读后》，索予明：《漆园外摭—故宫文物杂谈》，中国台北：故宫博物院，2000年，第571—585页。

47. 索予明：《蒹葭堂本髹饰录解说》，中国台北：商务印书馆，1974年，第14页。

人笺证的部分，在索氏解说本中得以复归原貌。在索氏的解说本中，即使是一些原寿碌堂主人笺证中的问题亦未加改动。如"天运"条"寿笺"引《老子》曰："天之道其犹张弓乎"[48]本为："其犹张弓欤"；又如"风吹"条"寿笺引"引《琴经》曰："水杨木烧为柈炭，又用砂杉木。"[49]脱文："入瓶中罨煞，捣为末，罗过。却用黄腻石蘸水，轻手遍揩，磨去琴上蓓蕾。次以细熟布蘸灰末，用手来往揩擦光莹即止。"[50]"雷同"条"寿笺"引《辍耕录》："砖石车磨去。（髹法）"[51]本为："砖石车磨去灰。"[52]此外，还有"暑溽"条"寿笺引"《史记》，"海大"条及"巧法造化"条"寿笺引"《庄子》"淫巧荡心"条"寿笺引"《礼记》，"麬漆之六过""寿笺引"《说文》，"刷丝"条"寿笺引"《洞天清录》，"堆漆""剔红""剔彩""镌蜔""螺钿加金银片""百宝嵌"诸条"寿笺引"《遵生八笺》"剔犀"条"寿笺引"《格古要论》，"戗金""楼榇""捎当""垸漆"诸条"寿笺引"《辍耕录》，"彩油错泥金加蜔金银片"条"寿笺引"《皇明文则》等等，皆按原寿碌堂主人原文录出。而索氏对寿碌堂主人笺证中问题的讨论则夹杂在"解说"条目之中。例如"刻丝花"条："宋人莊季裕《鸡肋编》云：'宋人刻丝法起定州，

---

48. 同上，第 9 页。

49. 同上，第 16 页。

50. ［明］张大命：《太古正音》《续修四库全书》册一〇九三，上海：上海古籍出版社，1995 年，第 441—442 页。

51. 索予明：《蒹葭堂本髹饰录解说》，中国台北：商务印书馆，1974 年，第 17 页。

52. ［元］陶宗仪：《辍耕录》，北京：中华书局，1958 年，第 375 页。

以熟色丝经于本木争上，随所欲作花鸟禽兽……视之如雕镂之象，故名刻丝。'刻丝宋已有之，寿笺误。"[53]

索氏解说本着意克服王氏解说本中一个重要问题，即虽触类旁通却过于枝蔓繁茂。为了避免注解行文过于繁芜，索氏解说时并没像王氏那样旁征博引，而是将解说内容集中在《髹饰录》原文本身。例如"日辉"条。王氏解说本按泥、屑、麸、薄、片、线各名一一剔出，从名考证，阐述制法，"薄金"中更尽录《绘事琐言》打金之法，按语中讨论各种金箔称谓、成色，甚至流通规格。[54]博闻详记，挥洒自如。索氏解说"日辉"条则贯穿全句而简述之。先说金为贵，再述泥、屑、麸、薄、片、线各状，如："薄——整张之金箔。后解人君有和之'和'，述及漆工用金之要。"[55]言简意赅。另外，索氏还补充了王氏解说本中一些待考的内容。例如"黄髹"条，王氏曰："揩光亦好，不宜退光"，原因待考。[56]索氏本云："黄色不宜退光，因宜用油调也。"[57]又如"填漆"条，"即填彩漆也。磨显其文，有干色，妍媚光滑。又有镂嵌者，其地锦绫细文者愈美艳。磨显填漆，匏前设文。镂嵌填漆，匏后设文，湿色重晕者为妙。"王氏曰："干色当是在地陷的花纹内上清漆，再将色料粉末干敷粘填进去。惟北京匠师称多年以来只知用湿色。干色的具

53. 索予明：《蒹葭堂本髹饰录解说》，中国台北：商务印书馆，1974年，第89页。
54. 王世襄：《髹饰录解说》，北京：文物出版社，1983年，第26—27页。
55. 索予明：《蒹葭堂本髹饰录解说》，中国台北：商务印书馆，1974年，第12页。
56. 王世襄：《髹饰录解说》，北京：文物出版社，1983年，第72页。
57. 索予明：《蒹葭堂本髹饰录解说》，中国台北：商务印书馆，1974年，第83页。

体做法待考。"[58]索氏本："干色用色漆粉，漆粉的制法，是用半透明漆（退光漆）加颜料，调成浓度极高的色漆，髹涂在玻璃板上，十分干燥后，剥取碾细成粉粒。"[59]诸如此类。

索予明的解说本较王氏解说本精简，更易于炼读了解。然而，即使有漆艺家范和钧提供漆工方面的专业意见，索氏解说本精善于其通俗顺畅之述说，一些地方悬而未决又一笔带过。例如"云彩"条，"漆绿原料不知指何物"。[60]又如"露清"条，"'而却至绘事'不可解，至或为宜之讹"。[61]"罩朱髹"条，"言其易为达到光亮的效果，而技术却不无困难也。此非实践不得而知"。[62]"剔彩"条，"但何以前者称重色（横色），而后者称堆色（竖色）？待考"。[63]"填漆间沙蚌"条，"'重色眼子斑'即沙蚌所形成的一种景象，详情待考"。[64]等等。即便如此，索氏的精解本仍然非常有价值。不但由于解说得精到而使《髹饰录》的结构明了清晰、耳目一新，而且通篇解说处处由漆工角度出发展开阐释，可谓重现了作为一部古代漆工技艺著录的精神特征。并且在行文中体现出对一丝不苟、精益求精的工匠专业精神的重塑，例如"夏养"条，"'雕镂者，比描饰似大'也许是漆业工匠中自分彼此，表示其技有难易"。[65]又见"潮

---

58. 王世襄：《髹饰录解说》，北京：文物出版社，1983 年，第 96 页。
59. 索予明：《蒹葭堂本髹饰录解说》，中国台北：商务印书馆，1974 年，第 99 页。
60. 同上，第 19 页。
61. 同上，第 22 页。
62. 同上，第 91 页。
63. 同上，第 115 页。
64. 同上，第 139 页。
65. 同上，第 28 页。

期"条，"作者以潮期为言，在于强度工作之时效也。"[66]"倦懒不力"条，"'不可雕'显然是指工匠有了堕落的习性，而不是指器物说的。"[67]等等。不一而足，莫不是对漆工勤勉敬业精神的推崇。

长北《髹饰录图说》

近年来，中国的《髹饰录》研究由于有着20世纪诸位学者的贡献所组成的坚实基础，令关注于《髹饰录》研究的学者可以以更为直观的方法来对照书中的工艺在操作实践中的情况。约在2003年，长北参与到由杭间2002年始所主编的《中国古代物质文化经典图说丛书》的编撰当中，主要负责对黄成的《髹饰录》作图说。历时三年，长北的《髹饰录图说》于2007年由山东画报出版社出版发行。[68]（图1.5）

长北在《髹饰录图说》中具体对照了王、索二人的版本，并在两者之间作出权衡。例如，长北在其图说本中采用王氏"令椀盒盆盂正圆无苦窳"换索氏"令椀合盆盂正圆无苦窳"；[69]采用王氏"牡梁有榫"换索氏"牡梁有笱"；[70]采用索氏"共百工之通戒"换王氏"其百工之通戒"；[71]采用索氏"丝

66.　同上，第 38 页。
67.　同上，第 45、46 页。
68.　长北：《髹饰录图说》，济南：山东画报出版社，2007 年。
69.　同上，第 3 页。
70.　同上，第 7 页。
71.　同上，第 49 页。

图1.5　长北《髹饰录图说》（山东画报出版社，2007年）

緼"换王氏"丝绹"；[72]采用王氏"五彩花文如刻丝"换索氏"五彩花文为刺丝"；[73]采用王氏"描油一名描锦"换索氏"描油一名描饰"；[74]采用王氏"绉縠纹"换索氏"绉壳纹"；[75]采用王氏"总以精细密致"补索氏"总精细密致"；[76]采用王氏"其文俨如缋绣"换索氏"其文俨如绣绣"；[77]采用王氏"疏文锦地为常具"换索氏"疏文锦地为常俱"；[78]采用王氏"假雕彩也"换索氏"假雕綵也"；[79]采用索氏"壳色钿螺"换王氏"壳色细螺"；[80]采用索氏"五彩金钿"换王氏"五彩金细"；[81]采用索氏"与戗金细钩描漆相似"补王氏"与戗金钩描漆相似"；[82]采用王氏"错杂而镌刻镶嵌者"换索氏"错杂而镌刻厢嵌者"；[83]采用王氏"复

72. 同上，第 73 页。
73. 同上，第 99 页。
74. 同上，第 113 页。
75. 同上，第 121 页。
76. 同上，第 123 页。
77. 同上，第 142 页。
78. 同上，第 159 页。
79. 同上，第 163 页。
80. 同上，第 167 页。
81. 同上，第 183 页。
82. 同上，第 189 页。
83. 同上，第 192 页。

宋元至国初"补索氏"宋元至国初";[84]采索氏"皆宜细斑地"换王氏"皆宜细斑也"[85]等。

长北在参考王、索二人的解说后，同时对照了原蒹葭堂抄本《髹饰录》的副本，并根据其自身经验修订了蒹葭堂抄本中的一些瑕纰。例如，长北在其图说本所录《髹饰录》文本内容里，采用"灰漆之体总如率土然矣"换蒹葭堂本"灰漆之体总如卒土然矣";[86]采用"冰合即胶有牛皮有鹿角有鱼鳔"换蒹葭堂本"冰合即胶有牛皮有鹿角有鱼膘";[87]采用"描写之四过忽脱"条换蒹葭堂本"描写之四过忽脱";[88]采用"洒金之二过偏垒"条换蒹葭堂本"洒金之二过偏纍";[89]采用"缀蛔之二过粗细"条换蒹葭堂本"缀蛔之二过麤细";[90]采用"裹衣之二过"补蒹葭堂本"裹之二过";[91]采用"共文际忌为连珠"换蒹葭堂本"其文际忌为连珠";[92]采用"近日有输胎"换蒹葭堂本"近日有石俞胎"[93]采"其文全描漆"换蒹葭堂本"其文金描漆";[94]采用"又用谷纹皮"换蒹葭堂本"又用縠纹皮";[95]采用"不

---

84. 同上，第 196 页。
85. 同上，第 198 页。
86. 同上，第 34 页。
87. 同上，第 45 页。
88. 同上，第 66 页。
89. 同上，第 69 页。
90. 同上。
91. 同上，第 74 页。
92. 同上，第 144 页。
93. 同上，第 156 页。
94. 同上，第 180 页。
95. 同上，第 210 页。

露坯胎"换蒹葭堂本"不露胚胎";[96]采用"然后考岁月之远近"换蒹葭堂本"然后攻岁月之远近。"[97]等等。

除了对原蒹葭堂本《髹饰录》中的一些通假字、异体字、错别字等作了相应的勘改之外,长北的图说本在原文断句上也更为细致。例如,"风吹"条"扬注"[98]长北断为:"此物其用,与风相似也。其磨轻,则平面光滑无抓痕;怒,则棱角显,灰有玷瑕也。"[99]又如"霜挫"条"扬注"长北断为:"霜杀木,乃生萌之初;而刀削朴,乃髹漆之初也。"[100]"春媚"条"扬注"长北断为:"以笔为文彩,其明媚如化工之妆点于物,如春日映彩云也。日,言金;云,言颜料也。"[101]"夏养"条"扬注"长北断为:"千文万华,雕镂者比描饰,则大似也。凸凹,即识、款也。雕刀之功,如夏日生育长养万物矣。"[102]"刻丝花"条"黄文"长北断为:"五彩花文如刻丝。花、色、地、纹,共纤细为妙。"[103]等等。

基于曾有过漆工实践的经历,长北的图说本还补充了一些在王、索二人解说本中尚欠考究的问题。例如,王氏解说本:"寒

---

96. 同上,第 211 页。

97. 同上,第 242 页。

98. 中国台湾学者索予明认为西塘一支扬姓,为提手之"扬"。见 索予明:《剔红考》,中国台北故宫博物院:《故宫文物季刊》,1972 年第六卷第 3 期。长北图说本从之更为"扬明",因而谓之"扬注"。

99. 长北:《髹饰录图说》,济南:山东画报出版社,2007 年,第 9 页。

100. 同上,第 19 页。

101. 同上,第 25 页。

102. 同上,第 26 页。

103. 同上,第 99 页。

来条（冻子）可能是一种胶质的透明体，干了很坚硬。可以用它来做胎骨，或代替漆或漆灰在器物上做出花纹来。但它的成分及配制方法尚待考。"[104]长北图说本："冻子，生漆与明油、鱼鳔胶、香灰、蛤粉、石膏粉、滑石粉等调拌而成，用于堆塑或者模印花纹、线脚，福州印锦、厦门漆线雕、山西堆鼓、扬州堆树梗等工艺，都用冻子材料，各地配方无一雷同。"[105]又如"洒金"条杨注"又有色糙者，其下品也"，认为："只有用黑漆地做洒金才是好的，其他色地的为下品，原因待考。"[106]长北图说本："色糙地子上洒金，不如黑糙地子上洒金鲜明，所以，扬明认为'色糙'与'用锡屑'代替金屑，都是低劣的做法；麸金效果单薄而少含蓄，往往撒于漆器的黑色内壁，扬明也不予赞许。可见扬明的审美，为备求精致的江南文风左右。"[107]王氏解说本："填漆"条"（通天花儿）形态待考。"[108]长北图说本："通天花儿：全器以碎花为锦纹。清代工艺品上有一种皮球锦，就是以漫天遍地小团花为锦"。[109]虽然悬而未决的问题常常各家各说，但长北的《髹饰录图说》的确在尽量做到有问必答。

　　长北的《髹饰录图说》在编排体例上几近是王、索二人解说本的混合体。先录黄文，再添杨注，注释中穿插入寿碌堂主人笺证及长北对原文所作各种修改的原由，再有补说。补说的内容长

104.　王世襄：《髹饰录解说》，北京：文物出版社，1983年，第43页。
105.　长北：《髹饰录图说》，济南：山东画报出版社，2007年，第31页。
106.　王世襄：《髹饰录解说》，北京：文物出版社，1983年，第85页。
107.　长北：《髹饰录图说》，济南：山东画报出版社，2007年，第105页。
108.　王世襄：《髹饰录解说》，北京：文物出版社，1983年，第99页。
109.　长北：《髹饰录图说》，济南：山东画报出版社，2007年，第116页。

篇大论，并较王、索二本增补入了许多新鲜资料。如在"露清"条，长北便介绍了扬州漆工熬桐油法、广油加催干剂法、扬州漆工熬明油法；[110] "夏养"条介绍了漆器雕刻用刀，每道工序各有不同；[111] "水积"条还介绍了现代漆器生产的常用漆；[112] "描金"条介绍了福州漆工擅晕金工艺；[113] "填漆"条介绍了现代镂嵌填漆工艺；[114] "螺钿"条介绍了现代软、硬螺钿漆器工艺程序；[115] "嵌金"条介绍了福州的箔粉研绘和锡片平脱；[116] "隐起描金"条介绍了现代堆鼓描金工艺及漆线雕；[117] "款彩"条介绍了阳文款彩、金地阳文款彩、阳文款刻干填、阴文款彩戗金的工艺程序；[118] "锦纹戗金地诸饰"条介绍了雕漆嵌玉漆器工艺流程；[119] "椷槕"条介绍了以皮为胎的漆器[120]等。

既然是图说本，长北的图说自然重点在插图方面。作者在凡例中说道：

《图说》着力以图释文。全书附工具、设备、操作流程图一〇六幅，不同装饰工艺的漆器作品照并图案、名款等一三六

110　同上，第 18 页。
111　同上，第 26 页。
112　同上，第 40 页。
113　同上，第 109 页。
114　同上，第 117—119 页。
115　同上，第 124—127 页。
116　同上，第 130、132 页。
117　同上，第 147、148 页。
118　同上，第 168—170 页。
119　同上，第 201—205 页。
120　同上，第 222 页。

幅，蒹葭堂钞本书影九幅。所选作品多为《髹饰录》问世以后散
见于各地的民间漆器，以使《图说》成为《髹饰录》问世以后，
传统漆器装饰工艺的全面记录，与已出版图册不相重复。[121]

长北的图说本图文并茂，所选登的各类古今漆器图照令
这本书读来颇具参考意义。书中所录入的一些工艺流程插图让
读者能够直观地领略到漆工的工作情形，为观众对所述工艺的
具体操作有更为形象的认识。但是，书中的图照虽然繁多，但
工艺流程图比较有限。加上图片的质量不高使得图说的价值大
打折扣。关于这些问题，作者也深表"对'缩水'成书怅恨不
已"。[122]虽然如此，长北的《髹饰录图说》在致力于通俗化这
部古籍方面，其作用功不可没。

除了重读经典的路径之外，当代《髹饰录》研究的趋向受
到近年来国内掀起的物质文化以及设计史研究热潮的影响，出现
了关注于《髹饰录》文本内容方面带有形而上学意味的探讨。例
如长北的《我国古代漆器的经典著作——论〈髹饰录〉》一文。
[123]文中专门针对《髹饰录》所反映的造物思想进行了分析评价。
其中分别谈到了天人合一的哲学观、敬业敏求的工匠精神、精致
尚古的审美趣味。此类评价在王、索等学者早年的研究里已经零
星出现，长北此文则对《髹饰录》中的哲学思想作了具有针对性

121　同上，第 2 页。

122　长北：《漆艺》，北京：大象出版社，2010 年，第 267 页。

123　长北：《我国古代漆器的经典著作——论〈髹饰录〉》，《东南大学学报》（哲学
社会科学版），2006 年第 8 卷第 1 期，第 75—80 页。

的总结归纳，并且进行了更为清晰的表
达。[124]后来，又有《〈髹饰录〉设计思想
研究》一文，将长北所谈《髹饰录》反映
出的造物思想延伸成为设计思想作为讨论
对象。[125]2014年，长北又在其《髹饰录图
说》的基础上再进一步，以东亚漆艺体系
的宏观视野，出版《〈髹饰录〉与东亚漆
艺——传统髹饰工艺体系研究》一书。[126]
（图1.6、图1.7）

图1.6　长北《〈髹饰录〉与东亚
漆艺——传统髹饰工艺体系研究》
（人民美术出版社，2014年）

　　概而言之，自《髹饰录》复归中国
数十载以来，相关的研究取得了长足的进
展，尤其是对于《髹饰录》文本的校勘、
注释、解说方面，在中文世界的研究情境
里可谓如鱼得水。国内学者多年来对《髹
饰录》的研究探索贡献良多。并且，随着
国内外研究中国古代漆艺理论的学者们相
互沟通交流的日益紧密，国内所流行的各
种《髹饰录》研究成果也成为许多海外学
者认识以及进一步了解《髹饰录》的重要
媒介。

图1.7　《〈髹饰录〉与东亚漆艺》内页

124　索予明：《两本〈髹饰录解说〉读后》，索予明：《漆园外撷—故宫文物杂谈》，
中国台北：中国台北故宫博物院，2000年，第571—585页。
125　杨恒：《〈髹饰录〉设计思想研究》（硕士学位论文），武汉理工大学，2008年。
126　长北：《髹饰录与东亚漆艺——传统髹饰工艺体系研究》，北京：人民美术出版社，
2014年。

二、日韩的《髹饰录》研究

对于藏书者而言，不仅书的本身，就连书的复本也有其命运。由此看来，"一本书的命运就是与收藏者及其收藏的邂逅；毫不夸张，一本旧书落入一位真正的藏书者手中又获得新生"。[127]《髹饰录》在清代失传于国内，幸而有手工写本流入日本书市。正因日本的藏书家对汉籍工艺书的珍重，使得《髹饰录》不致湮灭绝迹。而《髹饰录》抄本上日本寿碌堂主人的笺注，与黄文、杨注一起被抄写传播，才有了今天所见《髹饰录》抄本的面貌。

寿碌堂主人的笺注研究

从兼葭堂本《髹饰录》出现及流传的时序来看，兼葭堂本被抄写时，寿碌堂主人的笺证已经存在。然而，通过对照东京国立博物馆所藏的另一个来自德川宗敬的抄本，可以发现这个被后世名为"德川本"的抄本的字迹更清晰，笺注更对应，脱文漏字更少，较"兼葭堂本"更为精美而准确，此本应更加接近于《髹饰录》的原本。很可能，兼葭堂本其实并非流入日本书肆的更早抄本，德川本才是。

---

127. "Und in seinem Sinn ist das wichtigste Und in seinem Sinn ist das wichtigste Schicksal jedes Exemplars der Zusammenstoß mit ihm selber, mit seiner eigenen Sammlung. Ich sage nicht zuviel: für den wahren Sammler ist die Erwerbung eines alten Buches dessen Wiedergeburt." Walter Benjamin. "Ich packe meine Bibliothek aus," Die literarische Welt, 1931. Gesammelte Schriften, 4. bk. 1, Suhrkamp, 1991. S. 389.

　　究竟寿碌堂主人是何许人也？据大村氏猜测，寿碌堂主人是昌平坂学问所的学叟。朱启钤、王世襄、荒川浩和皆延续了这种说法。然而，坂部幸太郎、樋口秀雄、佐藤武敏则认为，寿碌堂主人并非来自昌平坂学问所。据坂部氏推测，寿碌堂应是任职于长崎贸易会土地部的人物，[128]佐藤氏则推断活动于长崎的铠甲师春田永年便是寿碌堂主人，[129]樋口氏却怀疑作为一位铠甲师的春田永年如何会对漆艺感兴趣，而且精通汉籍。[130]春田永年的名字来自于德川本《髹饰录》封面上的"春田永年标注"之句。来自长崎的铠甲师春田永年生于1753年，殁于1800年，字静甫，别字甲寿，通称博磨，号平山、寿廉堂等。他有许多著作传世，例如：《延喜式工事解》《延喜式工事解图翼》《延喜式工事通解》《延喜式名物》……表明他虽然是铠甲师，亦喜好读书著述，热爱对各样工艺观察。且他在《延喜式工事解》中关于漆工的说明也与寿碌堂主人的《髹饰录》笺证风格相仿。因此，很可能寿碌堂主人应该便是春田永年本人。

　　寿碌堂主人作为在现存最早的《髹饰录》抄本之上孜孜发微的第一人，他对《髹饰录》作各种经史引文批注，甚可将之视为首开海外《髹饰录》研究之先河。寿碌堂主人《髹饰录》笺证主要有增补、眉批、案语三项，分别以△、案、○、⊖、⊝、⊖、△、△、△、☰、☲、☳等符号标识并安插文上。例

128.　坂部幸太郎：「髹飾録考」，『漆事伝』松雲居私記，私版，終編—109（1972）。

129.　佐藤武敏：「髹飾録について—そのテキストと注釈を中心に」，『東京国立博物館研究誌 Museum』1988（11）。

130.　樋口秀雄：「髹飾録—わが国に唯一る中国（明）時代の漆藝技法書」，『工芸学会通信』四六号，1986（3）。

如，"乾集"开篇黄文："四善合、五采备而工巧成焉。"[131]
寿笺："《巧工记》曰：'天有时地有气材有美工有巧，合此四
者然后可以为良。'"[132]又如"云彩"条"杨注"："黄帝华盖
之事，言为物之饰也。"[133]寿笺："《三才图会》曰：黄帝与蚩
尤战于涿鹿之野，常有五色云气、金枝玉叶，止于帝上，成花蘤
之象，因作华盖。"[134]等等。诸如此类，共计补、批、案、增、
注约二百五十条之多。

　　《髹饰录》原文晦涩艰深，幸而有杨明作注，使其灿然
而有迹可循。寿碌堂主人据黄成原文及杨明注释，将其中种种
经史名句套用剔出。但是，寿碌堂主人在引经据典，考证黄文
杨注原文中种种出处的同时，却微谬颇多。例如在"天运"条
及"棬榡"条"寿笺"引《辍耕录》："于旋床上胶贴而成，
名棬榡。"[135]"凡造椀碟盘盂之属，其胎骨名曰棬榡。"[136]而
《辍耕录》原文则是："凡造椀碟盘之属，其胎骨则梓人以脆
松劈成薄片，于旋床上胶粘而成，名曰棬榡。"[137]其他，在"雷
同""水积""海大""巧法造化""金髹""刷丝""刻
丝花""隐起描金""镌蜎"等条中的引文与原典亦有所出
入。在"天运""风吹""雨灌""暑溽""淫巧荡心""麹

---

131. ［明］黄成：《髹饰录》，杨明注，日本兼葭堂藏本，第 6 页。
132. 同上。
133. 同上，第 9 页。
134. 同上。
135. 同上，第 7 页。
136. 同上，第 71 页。
137. ［元］陶宗仪：《辍耕录》，北京：中华书局，1958 年，第 375 页。

漆之六过""刷丝""洒金""戗金""堆漆""剔红""剔彩""剔犀""彩油错泥金加蚼金银片""螺钿加金银片""百宝嵌""捎当""垸漆"等条中又有脱字、改字的情况。然而，即使寿碌堂主人的笺证存在一些问题，但寿碌堂主人的批注率先引证出《髹饰录》原文行文间的特点，显露出黄成写作的根基所在，标志着海外《髹饰录》研究迈出的第一步。在《髹饰录》抄本辗转于日本的一百年间，继寿碌堂主人之后研读过《髹饰录》的可能不乏其人。索予明便根据蒹葭堂本《髹饰录》的字迹，在笺证中发现可能是他人补证的条目。[138]

日本的《髹饰录》研究

继寿碌堂主人之后，日本美术史家今泉雄作是第一位最早署名研究过《髹饰录》的学者。今泉雄作是明治大正时代（1868—1926）活跃的美术史家，曾任京都市美术工艺学校校长、东京帝室博物馆美术部长、大仓集古馆馆长。今泉氏曾留学巴黎，在吉美国立亚洲艺术博物馆（Musée national des Arts asiatiques-Guimet）研究东方美术，回国后与冈仓天心一同参与文部省东京美术学校的创建。当时在日本美术界与脱亚入欧浪潮形成鲜明对照，主张东方理想的冈仓氏与当时鼓动国宝调查事业的高桥健三一起创办美术杂志《国华》，旨在对东洋美术进行评论、考证、写真。由于各种渊源,今泉氏在《国华》创刊号开始便连连发载有关茶道具、陶瓷等各种东洋美术的文章。

---

138. 索予明:《蒹葭堂本髹饰录解说》，中国台北:商务印书馆，1974 年，第 14 页。

而他的《髹饰录笺解》始载于明治三十二年（1899）的《国华》杂志上。从1899年的一一三期至1903年的一五二期，今泉氏以《髹饰录笺解》为题，相继登载了他对《髹饰录》内容所进行的研究。今泉氏的笺解在一定程度上弥补了寿碌堂主人的纰漏，深化了公众对这部古代书籍的认识，可谓近代专门研究《髹饰录》的引路人。其《髹饰录笺解》的手稿现藏东京国立国会图书馆，手稿上有"常间居士寄藏""无礙庵"印，皆是今泉氏之号。

继今泉雄作之后，另一位对《髹饰录》在日本的传播作出重要影响的是著名漆工、美术家六角紫水。1893年，六角氏毕业于东京美术学校漆工科并留校任教，同时与冈仓天心一同从事国内古美术研究。1904年赴美，于波士顿美术馆（Museum of Fine Arts, Boston）及大都会美术馆（The Metropolitan Museum of Art）东洋部从事美术品整理工作。1908年归国后重入东京美术学校，并研究正仓院宝物与乐浪漆器古典技法的应用，曾参与中尊寺金色堂与严岛神社社殿的修复工作。1932年，六角氏出版了奠定其学术地位的著作——《东洋漆工史》，书后附录黄成《髹饰录》两卷的日文译本。此译本由芹泽閑翻译，六角氏进行了补注。[139]（图1.8）

六角氏《东洋漆工史》所附录《髹饰录》日文翻译的底本是朱氏丁卯刻本。[140]早在1927年的时候，朱启钤得到蒹葭堂本《髹

---

139. 六角紫水：『東洋漆工史』，雄山閣，1932 年，第 245—287 页。
140. 芹沢閑：「髹飾錄の復活刊行」，『日本漆工会会报』NO.321.

饰录》的复本，在中国印行了二百本，其中有一百本被送至日本。1928年，东京美术学校校友会又重印了该本。由于朱氏丁卯版已将寿碌堂主人笺证剔出，六角氏书中所录翻译亦仅是黄文杨注，翻译中汉文名词条目皆以保留，只语法上作变换。在坤集中，六角氏在大部分条目后作了补注。由于具有丰富的漆工经验，六角氏补注精辟而到位，不但明确了各种中国漆工名目指

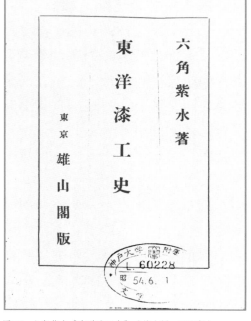

图1.8　六角紫水《东洋漆工史》（雄山阁，1960年）

代，而且又与日本漆工相互对照，分别在"绿髹""戗金""黑髹""蓓蕾漆""堆漆""剔黑""剔绿""堆红""戗彩""纸衣""垸漆""糙漆"等条作了补注。

六角氏《东洋漆工史》使《髹饰录》在日本漆工界获得广泛注意，此书于1960年再版。在此书再版数年后，时于东京国立博物馆漆工室任室员的荒川浩和在《东京博物馆研究志》1963年十一月号上刊发《明清之漆工艺与〈髹饰录〉》一文。[141]其时适逢东京国立博物馆举办"明清美术展"，荒川氏

141.　荒川浩和：「明清の漆工芸と髹飾録」，『東京国立博物館研究誌 Museum』，東京国立博物館，1963（11）。

为展品的技法引用用语作说明而写就此文。文中："关于《髹
饰录》"部分，介绍了《髹饰录》的有关情况；"关于各种技
法"，介绍了"雕漆""螺钿""沈金""描金""存星"各
法。其中明显参考了六角氏的日文版《髹饰录》及其补注。
荒川氏文中的介绍简明扼要，其特别之处在于将对应的日本漆
工术语列于《髹饰录》条目之前，如"堆朱剔红""堆黄剔
黄""堆黑剔黑""雕彩漆剔彩""屈轮剔犀""雕漆彩绘款
彩"等等，简明扼要，使读者对中日髹饰技法的异曲同工有直
接了解。

　　20世纪70年代之初，坂部幸太郎刊印松云居私记《漆事
传》，书中初篇《髹饰录考》，对《髹饰录》中所记载内容作
了详尽的考释。坂部氏是继今泉氏后另一位真正对《髹饰录》
进行考证释读之人。坂部氏在《漆事传》中引述了各种文献
资料进行互相推敲佐证，力图考析各种释义。例如文中对"金
漆"详作考证，实际上基本是援引了江户时代学者新井白石以
来的说法。[142]而在"垸漆"等部分的论述中也多综合援用到前
人此方面研究的诸多心得与见解。[143]（图1.9）

　　1985年，荒川浩和参与美国盖蒂艺术中心（Getty Center）
在日本的漆艺研究小组（Urushi Study Group）会议并发表了名
为《论中国的髹漆技艺，以〈髹饰录〉的研究为基础》（On the
Chinese Kyushitsu Method, Based on a Study of Kyushoku—roku）
一文。[144]荒川氏不但在文中梳理了《髹饰录》及其他文献所记

---

142. 坂部幸太郎：『漆事伝』（松雲居私記），1972年。
143. 同上，第320页。
144. Hirokazu Arakawa. On the Chinese *Kyushitsu* Method, Based on a Study of

图1.9　坂部幸太郎《漆事传》（松云居私记，1972年）

录的漆胎制作技术，并且提出了研究古代漆艺的文本资料的主张，重申了研究漆艺古籍文献的重要性。（图1.10）

　　1988年，东洋史学者佐藤武敏在《东京博物馆研究志》上发表《论〈髹饰录〉——以其文本及注释为中心》一文。[145]文中将东京国立博物馆所藏另一个名为"德川本"的《髹饰录》抄本与"蒹葭堂本"进行了对照比较，力求对原文有更真切的了解。德川本因乾集、坤集末尾有"德川宗敬氏寄赠"印而命名。佐藤

Kyushoku-roku, N. S. Brommelle, Perry Smith ed. Urushi: proceedings of the Urushi Study Group June 10—27, 1985. The Getty Conservation Instiure, 1988.

145.　佐藤武敏：「髹飾錄について—そのテキストと注釈を中心に」,『東京国立博物館研究誌 Museum 』, 東京国立博物館，1988（11）：15—24.

氏从笔迹到遣词造句，细致深入地对照了两个文本，指出德川本较蒹葭堂本寿笺中误字、脱字、脱文更少，而且文面对照更清楚，从而推断德川本更接近原本。另外，佐藤氏还对寿碌堂主人做出详细推敲，推论长崎铠甲师春田永年便是寿碌堂主人。（图1.11）

除佐藤武敏外，近年来日本研究《髹饰录》比较新颖的还有工艺家田川真千子。其"髹饰录之实验研究"项目历时五年（1992—1997），田川氏以同名实验报告书结题。全书分列十章："髹饰录所记载色彩""髹饰录所记载色彩表现的材料""髹饰录所记载漆的调制""实验髹饰录·着色料篇""实

图1.10 盖蒂艺术中心漆艺研究组《漆》（盖蒂艺术中心，1985年）

图1.11 东京国立博物馆研究志《博物馆》（东京国立博物馆，1988年11月号）

验髹饰录·漆的调制篇""实
验髹饰录·黑色漆篇""实验
髹饰录·赤色漆篇""实验髹
饰录·黄色漆篇""实验髹饰
录·青色漆篇""实验髹饰录
·绿色漆篇"。[146]内容主要集中
在色漆料的实验上，并通过长
达四年时间试验色漆的性能，
对漆器古物的修复研究具有重
要的参考价值。（图1.12）

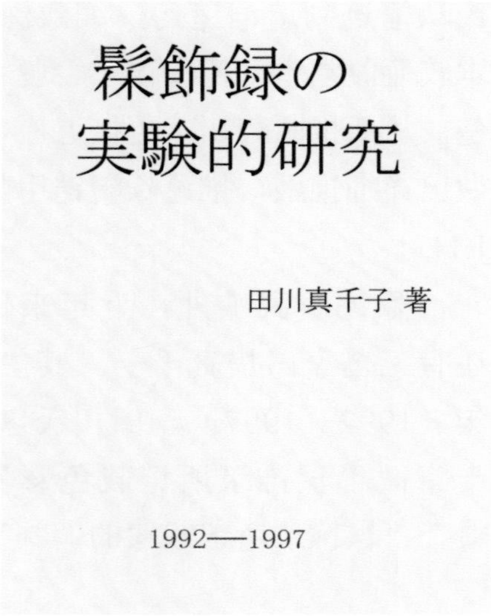

髹飾録の
実験的研究

田川真千子 著

1992——1997

韩国的《髹饰录》研究

图1.12　田川真千子《髹饰录之实验的研究》（奈
良女子大学，1997年）书影

　　相较于日本，同是东亚漆艺重镇的韩国对《髹饰录》的
研究比较晚近。最早进入韩国的《髹饰录》版本应当是出自东
京美术学校的石印本，即1928年由该校校友会翻印的朱氏丁卯
版《髹饰录》。此书现藏于韩国国立中央图书馆，该馆前身便
是日本殖民时代朝鲜总督府图书馆，惜其鲜为人知，一直传阅
未广。直到1976年，韩国一志社出版著名工艺美术家金钟太的
《漆器工艺论》，《髹饰录》方才进入韩国漆艺研究的视野之
内。（图1.13）

　　金氏《漆器工艺论》全书分为："总论""漆器的纹
样""漆器铭文""剔红漆器"，共四章。在"铭文"一章

146.　田川真千子：『髹飾録の実験的研究』，奈良女子大学松冈研究室，1997年。

中，金氏以："前汉时
代的铭文""王莽时代
的铭文""后汉时代的
铭文"，编年分类来讨
论朝鲜半岛乃至中国出
土漆器的情况，并列有
《历代漆器官制与漆工
表》，亦依："战国时
代""前汉(1)""前汉
(2)""王莽时代""后
汉"顺序逐一录入。第
四章《剔红漆器》分别
介绍了："剔红的制作
方法""唐代的剔红漆
器""宋·元代的剔红

图1.13　金钟太《漆器工艺论》（一志社，1976年）

漆器""明·清代的剔红漆器""剔红的种类"。[147]书末附录
有兼葭堂本《髹饰录》。[148]

　　金钟太《漆器工艺论》书后附兼葭堂本《髹饰录》的目
的是方便读者根据原抄本比照其书中所论述内容。此书出版后
颇受欢迎，不久后又重印，大大促进了《髹饰录》在韩国的传
播，使韩国国内更多人认识到《髹饰录》原抄本的真容。此时
《漆器工艺论》的出版刊行亦正值漆艺研究进入韩国高等教育

147.　金鐘太：『漆器工藝論』，漢城：一志社，1976年，第116—145页。
148.　同上，第146—219页：「髹飾錄」。

领域的发展时期，韩国首尔淑明女子大学、大田培材大学、釜山东亚大学等陆续开展漆艺研究生教育，近年来也有开设专门针对《髹饰录》原典进行研究的课程，釜山东亚大学造型漆艺学科教授权纯燮便开设有《〈髹饰录〉述评》的课程。[149]

　　韩国高等教育对漆工艺研究的推动使得近来一些关于《髹饰录》的带有新时代色彩的文章出现，例如《传统漆艺技法在现代造型艺术中的应用》一文。[150]文中的第四部分"当代艺术设计中的传统漆艺应用"便以《髹饰录》的门类为纲，分别列出"质色""纹䄛""罩明""描饰""填嵌"、"阳识""堆起""雕镂""戗划"九类。并重新将现代的一些漆艺创作置入其中，以剖析各类传统漆艺在现今艺术设计中的应用关系。[151]

三、欧美的《髹饰录》研究

　　20世纪中叶以来，西方学界对《髹饰录》的兴趣渐增。1967年，由梁献章（Hin-Cheung Lovell）所翻译的《髹饰录》，应是最早的《髹饰录》西文翻译。梁献章所翻译的《髹饰录》是从王世襄《髹饰录解说》中择译而出的。王氏的解说本曾在1958年油印了一小批寄赠国内各博物馆。1959年，故宫博物院研究员陈万里与英国人大维德（Percival David）互换研

149.　권순섭 '휴식록원전연구'，URL: http://www.dongbang.ac.kr
150.　홍성용：『현대조형예술에응용할수있는전통옻칠기법에관한연구』，동방대학원대학교：서화예술학과，2009.
151.　同上，第16—43页：현대조형예술에서응용된전통옻칠기법.

究资料时，资料中就有王世襄赠的《髹饰录解说》本。大维德是英国非常重要的中国瓷器鉴藏家。从1927年始，他大量搜购10世纪至18世纪的中国瓷器、绘画及漆器等相关艺术品，并且收藏大量关于中国艺术的书籍与文献资料。大维德在撰著其力作《中国鉴定学：格古要论》（*Chinese Connoisseurship: The Ko Ku Yao Lun*）时，其中有关髹饰的种种论述便广泛引用了王氏解说本中的内容。[152]

梁献章翻译王世襄的《髹饰录》并没有出版，收藏在斯图加特林登博物馆（Linden Museum, Stuttgart）。林登博物馆是欧洲收藏中国漆器最重要的藏地之一，其藏品大部分来自大藏家鲁贝尔（Fritz Löw—Beer）。鲁贝尔在50年代出版过几部关于中国明清漆艺的著作，成为当时欧洲研究中国漆器的专家。

王世襄《髹饰录解说》的西传为其后许多研究中国漆器的西方学者提供了文献材料。随后，英、美、法分别出版了王氏《传统中国明清家具》（*Classical Chinese furniture: Ming and early Qing dynasties*）、《中国家具珍赏》（*Connoisseurship of Chinese furniture : Ming and early Qing dynasties*）、《中式家具》（*Mobilier chinois*）等数个版本的著作。王氏文物研究书籍在西方的传播与20世纪末艺术史学界兴起的物质文化潮流有关。而当前西方研究中国明清时代物质文化最具代表性的艺术史学家是柯律格（Craig Clunas）。在《技术与文化》（*Techniques et*

---

152. Percival David, Chinese Connoisseurship:The Ko Ku Yao Lun, the Essential Criteria of Antiquities. Praeger Publishers, 1971.

Cultures）杂志1997年二十九号刊上，柯律格发表了以《髹饰录》为中心讨论晚明"产品知识"[connaissance des produits]的文章——《奢华的知识：1625年的〈髹饰录〉》"Luxury Knowledge: *The Xiushilu* (*Records of Lacquering*) of 1625"。[153]（图1.14）

图1.14 人文科学出版社《技术与文化杂志》（中国与安第斯专刊，1997年29号）

柯律格从视觉艺术角度来讨论明代的物质文化，长期供职于英国维多利亚与阿尔伯特博物馆（Victoria and Albert Museum）的经历，使柯氏对中国漆艺颇为熟悉。1981年，在《东方陶瓷学会译丛》第十辑（*The Oriental Ceramic Society Chinese Translations NO.10*）上，登载了柯氏所翻译的王世襄的文章《谈匏器》"Moulded Gourds"。[154]1983年，《英国汉学研究协会通报》（*Bulletin of the British Association for Chinese Studies*）上刊发了柯氏《王世襄之旅》"The Visit of Wang Shixiang"，此正值柯氏为《大美

153. Craig Clunas, "Luxury Knowledge: The Xiushilu（'Records of Lacquering'）of 1625", in Techniques et Cultures, 29 (1997): 27-40.

154. Wang Shixiang, translated by Craig Clunas. "Moulded Gourds", The Oriental Ceramic Society Chinese Translations Number Ten (London, 1981), 16-30.

百科全书》（*Encyclopaedia Americana*）编写"漆器"条之时。
[155]两年以后，柯氏写就《晚明倭漆趣味：文献为证》"The taste
for Japanese lacquer in the late Ming; the textual evidence"，其中便
参考了王氏的解说。[156]

　　自20世纪末以来，随着西方技术考古研究的热浪席卷而
至，被认为是中国古代技术著作的《髹饰录》也被纳入到中国
技术考古学的研究领域之内。刊载柯氏《奢华的知识：1625年
的〈髹饰录〉》一文的《技术与文化》中国专刊，主编便是以
研究中国技术史为专长的白馥兰（Francesca Bray）。柯氏《丰
富的知识：1625年的〈髹饰录〉》一文早于1995年白馥兰在巴
黎组织的"技术与文化在中国与安第斯"［colloque Techniques
et cultures en Chine et en Andes］的研讨会上发表，后来法国汉
学家林力娜（Karine Chemla）在其《科学史与文本的物质性》
"Histoire des sciences et matérialité des textes"一文中又介绍并
点评了柯氏此文。[157]

　　近年来，西方学者对《髹饰录》在中国文化史探究中
所扮演角色的关注目光增多。德国图宾根大学（Eberhard

155.　Craig Clunas. 'The Visit of Wang Shixiang', Bulletin of the British Association for Chinese Studies (1983), 39-40.

156.　Craig Clunas, "The taste for Japanese lacquer in the late Ming; the textual evidence", Far Eastern Department Working Day on the Late Ming (privately circulated), 1985.

157.　Karine Chemla, « Histoire des sciences et matérialité des textes », *Enquête*, Les terrains de l'enquête, 1995, [En ligne], mis en ligne le 1 février 2007. URL: http://enquete. revues.org

Karls Universität tüebingen）继2003年举办"中国匠作则例"
［chinesischen Handwerksregularien, jiangzuo zeli］研讨会后，
2010年始，任职该校的田宇利（Ulrich Theobald）又专门以《髹
饰录》为出发点开展专项研究。[158]时至今日，海外学者对《髹
饰录》日渐深入的研究进展与国内对《髹饰录》解说的发展相
得益彰。《髹饰录》遂成为谈论中国古代髹饰文化及体验所倚
重的经典材料。

158. Ulrich Theobald, "Vom Verzieren der Lackwaren". Abteilung für Sinologie und
Koreanistik, Eberhard Karls Universität, tüebingen, 2010 ~ . URL: http://www.sino.uni—
tuebingen.d.

第二章　《髹饰录》的流传抄刻

　　在晚明这样一个书籍印刷业繁盛的时代，[1]《髹饰录》没有被任何人所记载或提及，并且最终罹陷失传的境地。就此际遇而论，《髹饰录》甚或就是一个"失败的知识传播活动"。[2]今见《髹饰录》文本最早受到注意的本子是传自日本蒹葭堂的一个手抄本。在20世纪以前，"手稿依然是非常重要的文本传播模式"。[3]到20世纪30年代，《髹饰录》又重归母国并得以刊印行世。从《髹饰录》如今得以广泛传播的结果来看，《髹饰录》的沉浮经历作为其漫长旅程的一部分，对一项知识传播活动的最终结局而言，也是峰回路转了。

1.　Tobie Meyer—fong, "The Printed World: Book, Printing Culture and Society in Late Imperial China". Journal of Asian Studies, August 2007. pp.787-817.

2.　Craig Clunas, "Luxury Knowledge: The Xiushilu（'Records of Lacquering'）of 1625", in Techniques et Cultures, 29 (1997): 27-40.

3.　Joseph McDermott, "The Ascendance of the Imprint in China", In Cynthia Brokaw and Kaiwing Chow eds. Printing and Book Culture in Late Imperial China. Berkeley: University of California Press, 2005. pp.55-106.

一、失传与复归

　　《髹饰录》最迟约清嘉庆年间（1769—1820）在国内失传，仅以手抄本的形式流传于日本。因最初以出自木村蒹葭堂所收藏的抄本最广为人知，历来以此本《髹饰录》最为著名，世称"蒹葭堂本"。美术史家大村西崖氏曾述其流传曰：

　　《髹饰录》一书，初木村孔恭，藏钞本一部。文化元年昌平坂学问所购得之。维新之时，入浅草文库，后转归帝室博物馆藏，并有印识可征。[4]

　　日本人东条琴台在记录日本大儒的《先哲丛谈续编》中说："浪华木村巽斋好学嗜博，筑蒹葭堂，收藏古今之书十万余卷，又储集书画法帖古器名物。"[5]木村氏名孔恭，字世肃，号巽斋，通称坪井屋太吉，又称吉右卫，室名蒹葭堂，是日本江户时代元文至享和年间（1736—1803）赫赫有名的收藏家，集文人画家、本草学者、鉴藏家于一身。蒹葭堂所藏海内外珍本秘籍甚为丰富。是时随着中日交流的频繁，蒹葭堂与日本许多汉人雅士相交往来，大量舶来汉籍被其收入堂中。[6]西塘杨明注《髹饰录》时为天启五年（1625），《明熹宗实

<hr>

4. 王世襄：《髹饰录解说——中国古代漆工艺研究》，北京：文物出版社，1998年，第17页。

5. 中村真一郎：『木村蒹葭堂のサロン』，新潮社，2000年。

6. 高津孝：「木村蒹葭堂なにわの大コレクター」，『漢籍と日本人』，2006年11月。及 水田纪久：『水の中央に在り—木村蒹葭堂研究—』，岩波书店，2002年。

图2.1 谷文晁《木村蒹葭堂像》纸本设色 纵69厘米 横42厘米
约1802年 大阪教育委员会藏

录》卷五十八所记天启时（1621—1627）南居益曾曰："闻闽、越、三吴之人，住于倭岛者，不知几千百家，与倭婚媾，长子孙，名曰唐市。"[7]而西塘正是三吴之都会。清人黄遵宪《日本国志》卷四十"工艺志·漆器"谓："江户有杨成者，世以善雕漆隶于官，据称其家法得自元之张成、杨茂云"[8]，张成、杨茂正是出自西塘的漆工名匠。由此可见日人至西塘学漆者颇不乏人，《髹饰录》可能此时已随之传抄而去。（图2.1）

　　据大村氏所说，入蒹葭堂的《髹饰录》抄本向来被认为是传世唯一孤本，"东京美术学校帝国图书馆及尔余两三家所

7. ［明］张惟贤等纂修：《明熹宗实录》，中国台北：台湾"中央"研究院历史语言研究所校印本，1962年，第2661页。
8. ［清］黄遵宪：《日本国志》，上海：古籍出版社，2001年，第430页。
9. 王世襄：《髹饰录解说——中国古代漆工艺研究》，北京：文物出版社，1998年，第17页。

藏本，皆出于蒹葭堂本，未曾有板本及别本"。[9] 带有寿碌堂主人笺证的蒹葭堂《髹饰录》抄本在1804年被收入昌平坂学问所。[10]及后，在明治五年（1872），原幕府昌平坂学问所的藏书与红叶山文库合并，在东京建立日本第一个公立图书馆——浅草文库，原藏于昌平坂学问所的蒹葭堂《髹饰录》抄本也一并藏入。明治十四年（1881），浅草文库大部分古籍收入上野博

图2.2 蒹葭堂本《髹饰录》封面

物馆，即后来的帝国博物馆，蒹葭堂《髹饰录》抄本也在其列。帝国博物馆，即后来的东京国立博物馆，蒹葭堂藏《髹饰录》进入后至今未作转移。（图2.2、图2.3、图2.4、图2.5、图2.6）

　　木村蒹葭堂殁后，其巨量藏书被收入幕府昌平坂学问所。昌平坂学问所是江户幕府直辖最大的儒学教学机关。大村氏认为标注《髹饰录》的寿碌堂主人便是昌平坂学问所的学叟。来自台北故宫的研究者索予明则认为抄本原文及大部分注释字迹

10.　有坂道子：「木村蒹葭堂没後の献本始末」，大阪市 史料調査会／大阪市史編纂所 編：『大阪の歴史』，卷号：1999—12,(通号 54); 揭載ページ :53—80。

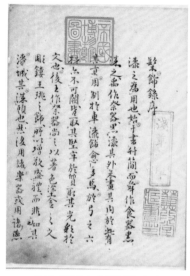

图2.3 蒹葭堂本《髹饰录》序页　　　图2.4 蒹葭堂本《髹饰录》乾集首页

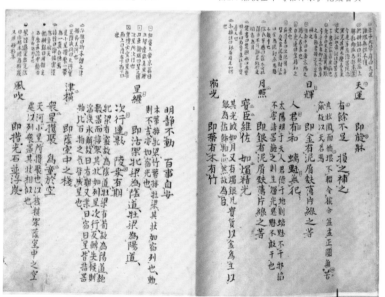

图2.5 蒹葭堂本《髹饰录》内页

像是出于同一人手笔，换言之，抄本既传自兼葭堂，则此批注之文，也应当是同出一源。[11]另外，索氏还根据乾集首段注⑦有"一本至作大为是"及坤集末段杨明注释文中"者"旁注"一本而作"推测其时此书又当有别本。东京国立博物馆便藏有另一个名为"德川本"的《髹饰录》抄本。此本即是被大村氏判断为江户末期抄出的《髹饰录》写本之一。大村氏的这一说法可能是根据《东京国立博物馆藏书目录》的记录所得出的推断。然而，从德川本《髹饰录》的抄写质量来看，很可能较兼葭堂本为早，甚或就是兼葭堂本的祖本。[12]（图2.7、图2.8、图2.9、图2.10、图2.11）

图2.6 兼葭堂本《髹饰录》末页

图2.7 德川本《髹饰录》封面

《髹饰录》在中国失传已久，国史方志皆阙然不采。世易时移，至20世纪初，国内尚无人知有此书。此书的复归实属偶然。1919年，时任南北议和会议北方代表的朱启钤无意中从

11.　索予明：《兼葭堂本髹饰录解说》，中国台北：商务印书馆，1974年，第13页。
12.　佐藤武敏：「髹飾録について—そのテキストと注釈を中心に」，東京国立博物館編：『東京国立博物館研究誌 Museum 』1988（11）：15—24.

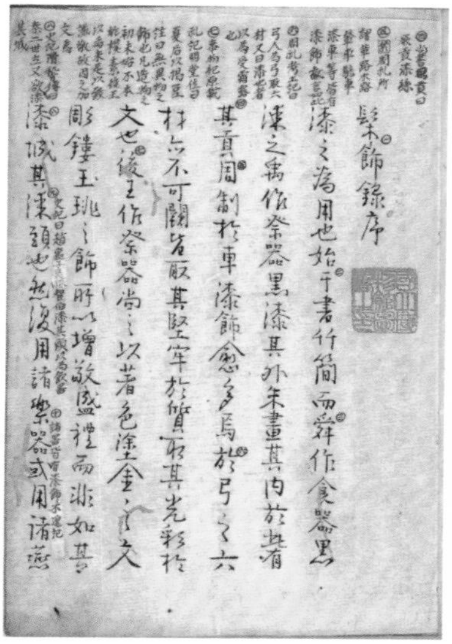

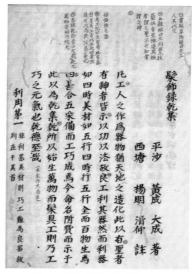

图2.8 德川本《髹饰录》序页

图2.9 德川本《髹饰录》乾集首页

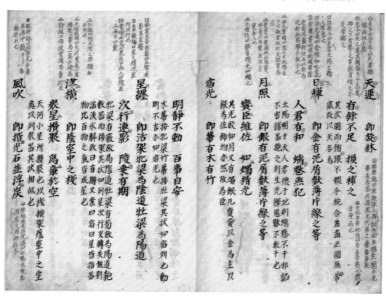

图2.10 德川本《髹饰录》内页

江南图书馆中发现一部宋代李诚的《营造法式》手抄本。1923年，朱氏与陶兰泉将《营造法式》校印完毕，1925年付梓刊行。朱氏随后萌生创立研究《营造法式》的专门机构，并于是年创办起中国第一个研究古代建筑的学术机构——中国营造学社。自此，朱启钤与阚铎、翟兑之致力于搜辑营造佚书史及各类图纸。朱氏在《中国营造学社缘起》中谈及学社使命于资料之征集者，预拟目录"丙部·法式"部分：

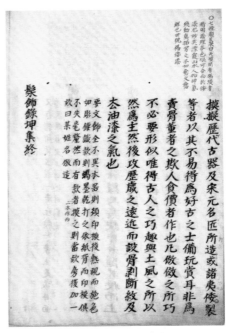

图2.11 德川本《髹饰录》末页

　　大木作。斗科附。小木作。内外装修附。雕作。旋作锯作附。石作。瓦作。土作。油作。彩画作。漆作。塑作。释道相装銮附。砖作。坎凿附。琉璃窑作。搭材作。铜作。铁作。裱作。工料分析。物料价值考。[13]

　　同年，朱氏更着手编辑《漆书》，明晰地将漆作髹饰分列为研究一类。（图2.12）

13.　朱启钤：《中国营造学社缘起》，《营造论》，天津：天津大学出版社，2009年，第6—10页。

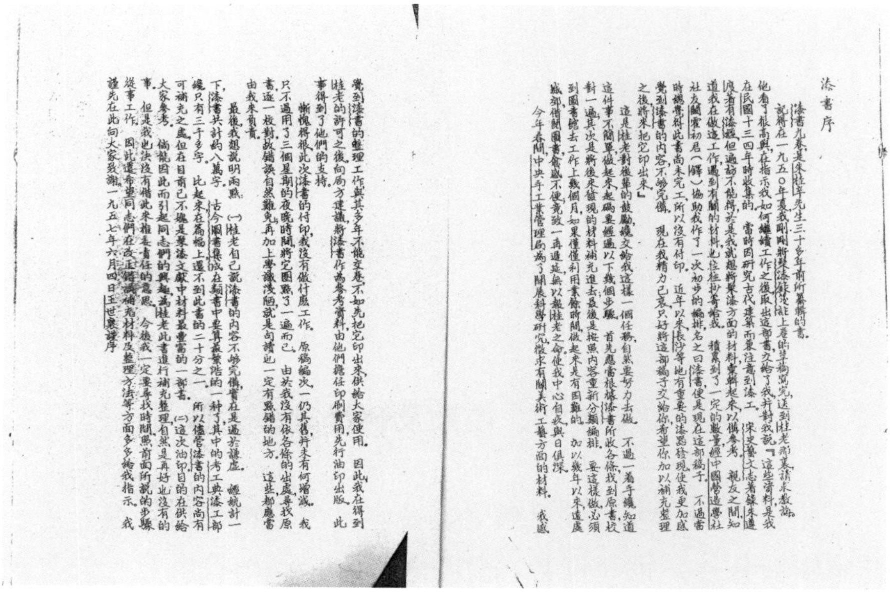

漆書序

漆書九卷，是朱桂莘先生三十多年前所纂輯的書。記得在一九五〇年夏，我剛剛將髹漆錄解說上卷的草稿寫完，送到桂老那裏，請求教誨。他看了很高興，在指示我如何繼續工作之後，取出這部書，交給了我，并對我說『這些資料，是我在民國十三四年時收集的。當時因研究古代建築，而兼注意到漆工。宋史藝文志著錄朱遵度著有漆經，但遍訪不能得，於是我就想將髹漆方面的材料彙輯起來，以備參考。親友之間，知道我在做這工作，遇到有關的材料，也往往抄寄給我。積累到了一定的數量，經中國營造學社社友闞霍初君（鐸）協助，我作了一次初步的編排，名之曰漆書，便是現在這部稿子。不過當時總覺得此書尚未完工，所以沒有付印。近年以來，長沙等地有重要的漆器發現，使我更加感覺到漆書的內容不夠完備。現在我精力已衰，只好將這部稿子交給你，希望你加以補充整理之後，將來把它印出來。』

這是桂老對後輩的鼓勵，纔交給我這樣一個任務，自然要努力去做。不過一着手纔知道這件事不簡單，做起來起碼要經過以下幾個步驟。首先應當根據漆書所收各條，找到原書，校對一遍；其次是將後來發現的材料補充進去；最後是按照內容重新分類編排。要這樣做，必須到圖書館去工作上幾個月，如果僅僅利用業餘時間，做起來是有困難的。加以幾年以來，遠處城郊，借閱圖書，愈感不便，竟致一再遷延，無以報桂老之命，使我中心自疚，與日俱深。

今年春間，中央手工業管理局為了開展科學研究，徵求有關美術工藝方面的材料。我感覺到漆書的整理工作，與其多年不能交卷，不如先把它印出來，供給大家使用。因此，我在得到桂老的許可之後，向局方建議，將漆書作為參考資料，由他們擔任印刷費用，先行油印出版。此事得到了他們的支持。

慚愧得很，此次漆書的付印，我沒有做什麼工作。原稿編次，一仍其舊，并未有何增減。我只不過用了三個星期的夜晚時間，將它圈點了一遍而已。由於我沒有依各條的出處，尋找原書，逐一校對，故錯誤自然難免；再加上學識淺陋，就是句讀也一定有點錯的地方。這些都應當由我來負責。

最後，我想說明兩點：（一）桂老自己說漆書的內容不夠完備，實在是過於謙虛。總統計一下，漆書共計約八萬字。古今圖書集成在類書中要算最繁浩的一种了，其中的考工典漆工部纔只有三千多字。比起來在篇幅上還不到此書的二十分之一。所以儘管漆書的內容尚有可補充之處，但在目前已不愧是髹漆文獻中材料最豐富的一部書。（二）這次油印目的在供給大家參考。倘能因此而引起同志們的興趣，為桂老此書進行補充整理，自然是再好也沒有的事。但是我也決沒有藉此來推委責任的意思。今後我一定要尋找時間，照前面所說的步驟從事工作。因此還希望同志們在改正錯誤、補充材料及整理方法等方面多多給我指示。我謹先在此向大家致謝。一九五七年六月四日王世襄謹序

图2.12 朱启钤《漆书》（油印版，1958年）

朱氏所辑《漆书》分为："释名""器物""礼器""雕漆""制法""工名""产地""树艺""外记"，共九卷。[14]据阚铎所记，朱氏为辑《漆书》，搜求五代朱遵度《漆经》未果。[15]适见日人大村西崖氏《东洋美术史》极道黄成《髹饰录》之美：

民间之制，隆庆中新安平沙有黄成字大成之名人，其所出

14. 朱启钤辑、王世襄整理：《漆书》（清华大学图书馆藏油印本），1958 年。

15. [元] 脱脱：《宋史》（艺文志 · 六），北京：中华书局，1977 年，第 5292 页。

剔红，可比果园厂，其花果人物之刀法，以圆滑清朗，称赏于人。大成虽业漆工，亦能文字，曾著髹饰录二卷，叙述各种漆器之作法，此为中国唯一之漆工专书，天启五年西塘杨明字清仲为之注序，始公于世。[16]

朱氏遂迻书求索，后得大村氏寓寄一蒹葭堂抄本，于1927年刊印出两百本。

二、校勘及刊行

朱氏在刊印大村氏惠赠之蒹葭堂本《髹饰录》之前，惜于此本辗转传抄，讹夺过甚，曾与大村氏一同斠校既竟，先复录注旧观。朱氏目的是以复明本之旧，所以在丁卯本中剔出了日寿碌堂主人的眉批及案语、增补，并由阚铎校订附印于书后。另外，朱氏还对正文作了些许改订。例如，蒹葭堂本《髹饰录》序落款中"杨明"被易作"杨明"；[17]"传诸后匠"，易为"传诸后进"；[18]"此以有圣者"，易为"所以有圣者"；[19]"乾

---

16. 大村西崖：『東洋美術史』，東京：圖本叢刊會，1925，395—396；译文参考 大村西崖：《中国美术史》，陈彬龢译，上海：商务印书馆，1930年，第211—212页。

17. 蒹葭堂抄本作"扬"，丁卯朱氏刊本易"扬"为"杨"。见 [明]黄成：《髹饰录》杨明注（朱氏丁卯刊本），1927年，第1页。王世襄《髹饰录解说》本亦作"杨明"。见 王世襄：《髹饰录解说》，北京：文物出版社，1983年。王氏谓"杨"通"扬"。见 王世襄编、黄成著：《髹饰录》（合印日本蒹葭堂藏本、朱氏丁卯年刊本），北京：中国人民大学出版社，2004年，第80页。

18. [明]黄成：《髹饰录》，杨明注，（朱氏丁卯刊本），1927年，第1页。

19. 《髹饰录》（朱氏丁卯刊本）序，第1页。

20. 同上。

德至哉"，易为"乾德大哉"；²⁰"令椀合盆盂"，易为"令椀盒盆盂"；²¹"牡梁有筍"，易为"牡梁有榫"；²²"吐光言落屑霏霏"，易为"吐火言落屑霏霏"；²³"而却至绘事也"，易为"而却呈绘事也"；²⁴"则似大也"，易为"则大似也"；²⁵"总如卒土然矣"，易为"总如率土然矣"；²⁶"勿悋漆矣"，易为"无悋漆矣"；²⁷"粘著有紧缓之过"，易为"黏著有紧缓之过"；²⁸"共带红者美"，易为"其带红者美"；²⁹"总欲沉"，易为"绿欲沉"；³⁰"共下卑也"，易为"其下品也"；³¹"而界郭空间之处"，易为"而界郭空闲之处"；³²"天宝海珍图者"，易为"天宝海琛图者"；³³"皆以磨现揩光"，易为"皆以磨显揩光"；³⁴"共光滑为美"，易为"以光滑为美"；³⁵"其文俨如绣绣为妙"，易为"其文俨如缋绣为妙"；³⁶"大甚有巧

---

21. 《髹饰录·乾集》（朱氏丁卯刊本），第 1 页。
22. 同上，第 2 页。
23. 同上。
24. 同上，第 3 页。
25. 同上，第 4 页。
26. 同上，第 5 页。
27. 同上，第 6 页。
28. 同上，第 11 页。
29. 《髹饰录·坤集》（朱氏丁卯刊本），第 1 页。
30. 同上，第 2 页。
31. 同上，第 4 页。
32. 同上，第 5 页。
33. 同上，第 6 页。
34. 同上。
35. 同上，第 7 页。
36. 同上。
37. 同上，第 9 页。

拙"，易为"亦甚有巧拙"；[37]"绚艳恍目"，易为"绚艳悦目"；[38]"侵夺厌花"，易为"侵夺压花"；[39]"假雕绿"，易为"假雕彩"；[40]"壳色钿螺"，易为"壳色细螺"；[41]"又有罩漆墨画者"，易为"又有单漆墨画者"；[42]"皆扁绦缚定"，易为"皆匾绦缚定"；[43]"用坏屑"，易为"用坯屑"[44]，等等。

此外，还有多处脱字、增字，如"皆示以功以法"，脱"示"字；[45]"五行全而百物生焉"，脱"百"字；[46]"裹衣之二过"，脱"衣"字；[47]"以充朱或黄者"，脱"充"字；[48]"与戗金细钩描漆相似"，脱"细"字；[49]"复宋元至国初"，脱"复"字；[50]增字，如"云色料"，增"云指色料"，[51]等等。

丁卯本《髹饰录》初版后，朱氏将此版《髹饰录》印刷半数分贻友好，半寄日本之藏原书者，藉为酬谢。原刻木板藏于天津

38. 同上，第 10 页。
39. 同上。
40. 同上。
41. 同上，第 11 页。
42. 同上，第 17 页。
43. 同上，第 18 页。
44. 同上，第 19 页。
45. 《髹饰录》（朱氏丁卯刊本）乾集，第 1 页。
46. 同上。
47. 同上，第 12 页。
48. 《髹饰录》（朱氏丁卯刊本）坤集，第 5 页。
49. 同上，第 14 页。
50. 同上。
51. 《髹饰录》（朱氏丁卯刊本）乾集，第 6 页。

文楷斋，后又转让予上海商务印书馆，装箱南运，却在淞沪之战时，与涵芬楼同付劫灰。阚铎后来又取丁卯本缩印了若干部，但终归印数无多，传而未广。[52]此前又有民国刻书家陶湘将朱氏丁卯本《髹饰录》收入其《托跋廛丛刻》当中，中国书店曾根据陶湘的刻本在1986年重印出版。[53]（图2.13、图2.14、图2.15、图2.16）

图2.13 朱氏丁卯本《髹饰录》

1949年，王世襄游美归

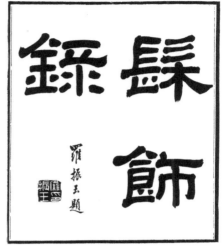

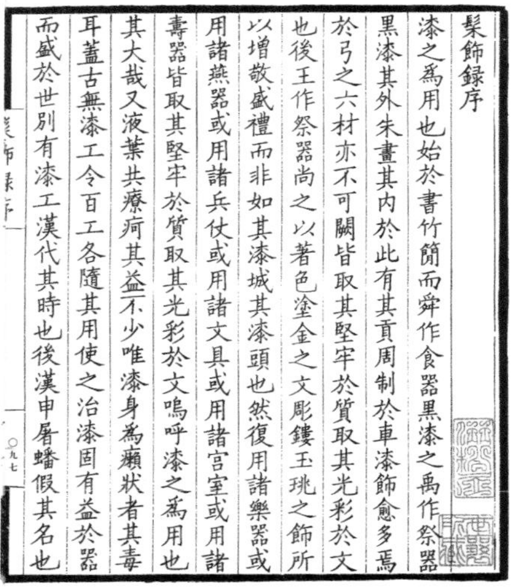

髹飾錄序

漆之爲用也始於書竹簡而舜作食器黑漆之禹作祭器黑漆其外朱畫其内於此有其貢周制於車漆飾愈多焉於弓之六材亦不可闕皆取其堅牢於質取其光彩於文也後王作祭器尚之以著色塗金之文彫鏤玉珧之飾所以增敬盛禮而非如其漆城其漆頭也然復用諸樂器或用諸燕器或用諸兵仗或用諸文具或用諸宮室或用諸壽器皆取其堅牢於質取其光彩於文嗚呼漆之爲用也其大哉又液葉共療痾其益不少唯漆身爲癩狀者其毒耳蓋古無漆工令百工各隨其用使之治漆固有益於器而盛於世別有漆工漢代其時也後漢申屠蟠假其名也

图2.14 朱氏丁卯本《髹饰录》序页

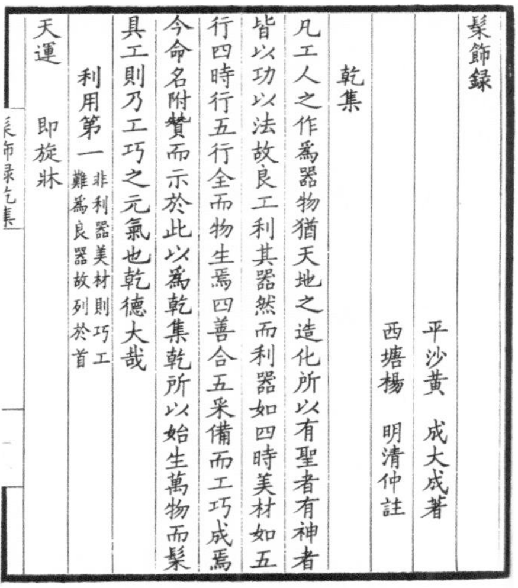

髹飾錄

平沙黃 成大成著

西塘楊 明清仲註

乾集

凡工人之作爲器物猶天地之造化所以有聖者有神者皆以功以法故良工利其器然而利器如四時美材如五行四時行五行全而物生焉四善合五采備而工巧成焉今命名附贊而示於此以爲乾集乾所以始生萬物而髹具工則乃工巧之元氣也乾德大哉

利用第一 非利器美材則巧工難爲良器故列於首

天運 即旋牀

图2.15 朱氏丁卯本《髹饰录》乾集首页

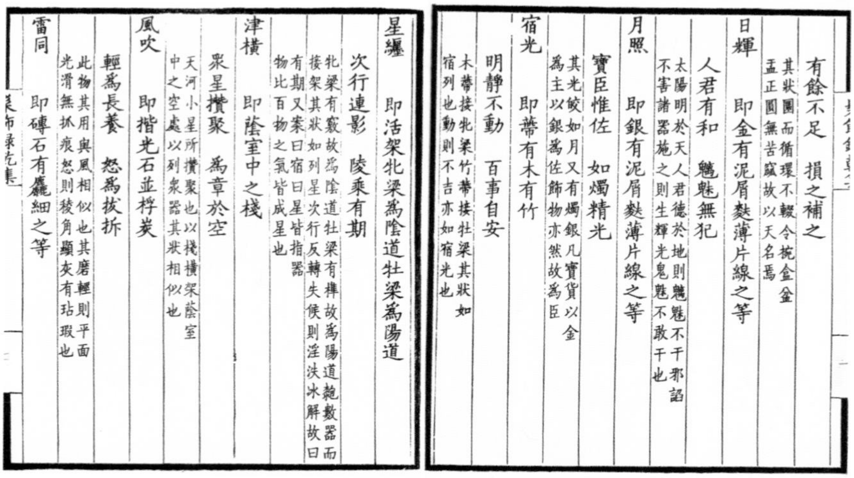

雷同　即磚石有龘細之等
此物其用與風相似也其磨輕則平面光滑無抓痕怒則發角顯灰有玷瑕也
風吹　即指光石並枰炭
輕為長養　怒為拔扳
即蒟室中之棧
天河小星所攢聚也以攢橫架蒟室中之空處以列象器其狀相似也
眾星攢聚　為章於空
津橫　即活架北梁為陰道牡梁為陽道
次行連影　陵乘有期
北梁有簌故為陰道牡梁有樺故為陽道簌轉失候則淫泆冰解救日面
接架其狀如列星次行反轉失候則
物比百宿日星指器物為空也氣皆成星也
星纏

宿光　即蒂有木有竹
明靜不動　百事自安
未蒂接北梁竹蒂接牡梁其狀如宿列也動則不吉亦如宿光也
月照　即銀有泥屑麩薄片線之等
實臣惟佐　如燭精光
其光皎如月又實貨以金為主銀為佐飾物亦然故為臣
日輝　即金有泥屑麩薄片線之等
人君有和　魑魅無犯
太陽明於天人君德於地則魑魅不干邪詔不害諸器施之則生輝光鬼魅不敢干也
有餘不足　損之補之
其狀圓而循環不輟令挽金盃正圓無苦窳故以天名焉

图2.16朱氏丁卯本《髹饰录》

来，朱氏以纂写《髹饰录》解说之事相勖。至1958年，王氏完成《髹饰录解说》，并油印了小量寄赠各地文博单位。王氏《髹饰录解说》依据的是紫江朱氏丁卯《髹饰录》刻本，文物出版社于1983年正式出版了王氏的解说本。此后，伴随着王氏解说本在大陆的流行，朱氏丁卯本《髹饰录》得到广泛的传播。与此同时，索予明于1972年在台北故宫《图书季刊》上连载了从东京国立博物馆得来的蒹葭堂本《髹饰录》复本。[54]1974年，索氏的《蒹葭堂本髹饰录解说》经台湾商务印书馆出版，

---

52. 王世襄：《髹饰录解说》，北京：文物出版社，1983年，第13—14页。
53. 陶湘：《托跋廛丛刻》，北京：中国书店，1986年。
54. 台北故宫博物院编印：《图书季刊》（1972），第三卷第2期。

书后又附录了蒹葭堂本《髹饰录》的复本。至2004年，中国人民大学出版社出版了王世襄所编的合印日本蒹葭堂藏本、朱氏丁卯刊本《髹饰录》。[55]至此，两个《髹饰录》的本子得以合印刊行，成为当前研究中国漆艺史文献的重要资料。

　　显然，《髹饰录》的失传与复归充满了偶然性，而其再次流行又带有必然性。中国古代数千年漆艺之发展，至今仅此一部漆艺专著传世，加之《髹饰录》的编排紧致、内容琳琅，以致该书在国内一经复现出版，即为相关研究者所关注。随着来自海内外一批重要的《髹饰录》研究成果的陆续出现，逐渐形成了一股研究中国古代漆艺文献的潮流。

---

55. 王世襄编、黄成著：《髹饰录》(合印日本蒹葭堂藏本、朱氏丁卯年刊本)，杨明注，北京：中国人民大学出版社，2004年。

第三章　黄成与明代的其他漆工

一、黄成小考

中国古代的漆工大多名不见经传，其籍贯、生平、经历均无从稽考。《髹饰录》的作者黄成是为数不多能留名至今的明代漆工之一。可是，有关他生平事迹的资料极为稀少，在其著作《髹饰录》中的相关记录也只有"新安黄平沙"寥寥数语。因而，要了解黄成的情况就只能借助于那些为数不多的"同代人的评价"了。[1]由此，在材料如此缺乏的条件之下，分析黄成所身处的生活环境成为对其写作背景了解的不二门径。

新安

杨明在为黄成的《髹饰录》所作序中说道：

新安黄平沙称一时名匠，复精明古今之髹法，曾著《髹饰

1.　Ernst Kris, Otto Kurz, Legend, Myth, and Magic in the Image of the Artist: A historical Experiment. New Haven and London: Yale University Press, 1979. p.1.

录》二卷，而文质不适者，阴阳失位者，各色不应者，都不载焉，足以为法。[2]

这是杨明关于黄成最为专业的记述，但几乎都是对其髹技的称颂，对于黄成就只提到他的籍贯——新安。

在明代的志书中可以见到有两个名为新安的地方，一个在京师保定府，一个在岭南道广州府。保定府在元时称为保定路，自洪武元年（1368）改称保定府，领祁、安、易三州；安，即新安，设于洪武十三年（1380）。而广东岭南道的新安则于万历元年（1573）改置自广州府的东莞县。陈绍棣曾经推断这两个地方都并非黄成的出生地，原因是两地都不产漆。[3]然而，更为重要的理由是，明代还有第三个新安。这个新安是古新安，在明代被称为徽州。

汉献帝建安十三年（208），孙权控制原歙地建立新都郡，治始新（今浙江淳安）。晋太康元年（280），晋灭吴，新都郡更名为新安郡。唐高祖武德四年（622），改新安郡为歙州，州治歙县。宋徽宗宣和三年（1121），改歙州为徽州，徽州得名始此，治所在歙县。至正二十七年（1367），朱元璋改兴安府为徽州府。洪武二年（1369），徽州府领歙、黟、休宁、绩溪、婺源、祁门六县。在明代，徽州府与苏州府、扬州府等同属南直隶，地理相通，漆艺发达。

2. ［明］黄成：《髹饰录》日本蒹葭堂藏抄本，杨明注，第5页。
3. 陈绍棣：《〈髹饰录〉作者生平籍贯考述》，《文史》（第二十二辑），北京：中华书局，1984年，第252—259页。

徽州一带山多地少，徽商经营涉及建材、做墨、油漆、桐油、造纸等生意。其漆业自宋以来繁盛，其螺钿漆器曾有"宋嵌"之称，"菠萝漆"则在南宋时被选作贡器。在清代宫廷造办处还从歙州招来漆工名匠为内廷服务。在明代成化以前，徽商最为大宗的商品一直是漆、墨、茶，后来才转而营盐，随之于晚明之时富甲一方。同时，徽州又是明代著名的刻书中心之一，人文渊薮，文风极盛。既然黄成博通经史、见多识广。故而，古称新安的徽州历来被公认为是名工黄成的出生所在地。

平沙

黄成出身于古新安——徽州，当地一个名为平沙的乡镇。此说的源头可追溯至大村西崖的《中国美术史》，朱启钤《漆书》谓：

《支那（中国）美术史》：黄成，字大成。隆庆中，新安之平沙人。其剔红匹敌果园厂，其花果人物，刀法以圆滑清朗见称。颇长文学，著《髹饰录》二卷，叙述各种漆器之作法，为中国漆工专书。天启五年，西塘杨明，字清仲，注而序之，行于世。[4]

但是，根据大村氏的原本及陈彬酥1930年的中译本，仅谓："民间之制，隆庆中新安平沙有黄成字大成之名人，其所出剔

---

4. 朱启钤辑、王世襄整理:《漆书》(清华大学图书馆藏油印本)，1958年，第107页。

红，可比果园厂，其花果人物之刀法，以圆滑清朗，称赏于人。大成虽业漆工，亦能文字，曾著髹饰录二卷，叙述各种漆器之作法，此为中国唯一之漆工专书，天启五年西塘杨明字清仲为之注序，始公于世。"[5]其中却并未言及黄成是新安之平沙人。

王世襄在《髹饰录解说》中进一步重复了朱氏关于黄成是平沙人的说法："黄成，号大成，十六世纪中叶时人。……平沙可能是安徽新安的一个乡镇。"[6]沈福文在其《中国漆艺美术史》中也说："黄成，号大成，明隆庆时，新安平沙人，又称黄平沙，一时名匠，精明古今髹法。"[7]这一说法后来继续被一些学者所重蹈。[8]然而，"新安黄平沙"，"新安"与"平沙"不会同是黄成的籍贯。因为若是以地望来尊称来自"新安"的黄成，则应称作"黄新安"。然而，古时并无"籍贯+姓氏+籍贯"作称呼的惯例。因此，在"新安黄平沙"中，"新安"既然是黄成的籍贯，"平沙"则不会是地名，而是黄成的号。

俞剑华在1981年出版的《中国美术家人名辞典》中亦认为"平沙"是黄成的号。[9]今见明清两代《徽州府志》亦未发现有被称为"平沙"的地名。"平沙"作为黄成的号，陈绍棣认为这可能来自古琴曲名《平沙落雁》，原因是此古典标题乐曲在中国

---

5. 大村西崖：『東洋美術史』，東京：圖本叢刊會，1925 年，第 395—396 頁；中文见 大村西崖著：《中国美术史》，陈彬龢译，上海：商务印书馆，1930 年，第 211—212 页。

6. 王世襄：《髹饰录解说——中国传统漆工艺研究》，北京：文物出版社，1998 年，第 23—24 页。

7. 沈福文：《中国漆艺美术史》，北京：人民美术出版社，1991 年，第 127 页。

8. 长北：《髹饰录图说》，济南：山东画报出版社，2007 年，第 3 页。

流传广泛。然而，此琴曲最早见记于《古琴正宗》（1634），这似乎较晚于黄成所处的时代。但是，有关描写沙滩上群雁起落飞鸣、回翔呼应情景的文学内容却早于《平沙落雁》而流传已久。例如南朝梁何逊《慈姥矶》诗云："野雁平沙合，连山远雾浮。"又有唐张仲素《塞下曲》："朔雪飘飘开雁门，平沙历乱转蓬根。"又如宋张孝祥《水调歌头·桂林集句》词："平沙细浪欲尽，陡起忽千寻。"其中"平沙"皆是广阔之意。

大成

"平沙"是黄成的号，而"大成"则是黄成的字。在古代，名、字是由尊长代取，而号则多为自取，称自号；又有别人所予称号，谓尊号、雅号等等。古代有身份的人到了成年后取字，利于他人用于对其尊称。古人的名与字关系密切，字往往是名的补充或解释，即谓"名字相应"。"大成"与"成"同义，同义反复是常见的命字依据，因而"大成"作为黄成的字实际上就是一种美词化及尊老化的体现。

黄成什么时候被尊为名匠的呢？由于材料的缺乏，迄今仍无从得识。明清间，虽然有大量徽州文人仕宦、名儒硕贤积极投身修志实践，但在今存徽州府县志书七十六种当中，均不见有黄成的相关记载。在其他明代笔记文献中，仅见高濂在《遵生八笺》中提到：

穆宗时，新安黄平沙造剔红可比果园厂，花果人物之妙刀法圆活清朗。[10]

明穆宗，即朱载垕，1567年至1572年在位，年号隆庆。高濂约生于嘉靖初年，创作生活于万历年前后，即约1573年至1620年。作为与黄成同一世代的人物，高濂的记载应具有相当的可信性。如果此时黄成正值盛年，则可推测其出生于正德（1506—1521）至嘉靖（1522—1566）年间。而在杨明作注《髹饰录》之时，黄成概已年事既高，甚或早已撒手寰尘。

高濂盛赞黄成所造剔红，称其剔红器可比果园厂。高濂生活于嘉靖至万历时代。实际上，当时官制漆器大部分已不在果园厂。但是，永宣时代果园厂的剔红，为时人所推崇的高标准，高濂将民间漆工黄成的制作与之相提并论，对其技艺可谓相当称善。在高濂之后，除了《髹饰录》之外，关于黄成的记载又出现在清人吴骞的笔下，他在《尖阳丛笔》中提及：

　　元时攻漆器者有张成、杨茂二家,擅名一时。明隆庆时,新安黄平沙造剔红,一合三千文。[11]

所谓"黄平沙造剔红一合三千文"，据《明史》记："户部定：钞一锭，折米一石；金一两，十石；银一两，二石。"[12]而一两银可兑换一千至一千五百钱，可知黄成剔红价格昂贵。吴骞

9.　俞剑华编著：《中国美术家人名辞典》，北京：人民美术出版社，1981年，第1141页。
10.　[明]高濂：《遵生八笺》，成都：巴蜀书社，1992年，第554—558页。
11.　[清]吴骞：《尖阳丛笔》，《续修四库全书》册一一三九，上海：古籍出版社，

实际上是传抄了高濂的说法，在《遵生八笺》中，高濂谓："奈何庸匠网利，效法者颇多，悉皆低下，较之往日一合三千文值，今亦无矣，何能得佳。"[13]这表现出高濂对黄成超群技艺的称颂与眷念。很明显，吴骞参考了高濂的描述，并且将黄成与元代两位漆器名匠张成及杨茂二家看齐。说明在清嘉庆时代（1796—1820），黄成的名声仍在。但在吴骞身后，黄成的名字却有如雁杳鱼沉，消失于历史的长河之中。（图3.1、图3.2、图3.3）

相较于黄成记录的鲜少，《髹饰录》注者杨明缺载的情况则更为严重。除了从《髹饰录》序中得知他来自浙江嘉兴西塘之外，便再未发现与其有关的其他任何信息了。而他被认为是元时西塘名工杨茂的后人也只是猜测而已。[14]实际上，"文人士大夫会在其诗文、绘画里署名，而工匠们总是默默无闻，游离于这些与他们有着直接联系的文人圈子之外。"[15]许多制作奢侈

图3.1 明嘉靖（传）黄成 凤鹤剔红圆盒 高14厘米 口径 26.5厘米 东京国立博物馆藏

图3.2 凤鹤剔红盒盖

1995 年，第 479 页。

12. ［清］张廷玉等撰：《明史》，长春：吉林人民出版社，1995 年，第 1216 页。

13. ［明］高濂：《遵生八笺》，成都：巴蜀书社，1992 年，第 554—558 页。

图3.3 凤鹤剔红圆盒器表为黄漆地、朱漆层，盖表为凤凰与仙鹤纹，配以寿山福海，背景是灵芝唐草纹，四周围绕龙云纹，盒口唐草纹，底有填金铭"大明嘉靖年制"。在填金铭旁有"堆朱杨成"于天明七年（1787年）刻铭："此元人黄成所造予家别有鉴定法而后人□勒嘉靖记年固□□所为也今改定焉大倭天明丁未年孟夏堆朱杨成极之"。（据刻铭推测，此盒由中国传入日本，由堆朱杨成家14代均长鉴定为黄成所造，但均长又误认黄成为元时人。）

品的工匠与他们的顾主联系直接。[16]即使在组织严谨的宫廷作坊里亦复如是，工匠资料隐蔽于历史记录之外。因此，有关他们的生平往往鲜为人知，这与漆艺流行及其受欢迎的情况形成了鲜明的对比。

二、漆工传统

记录艺术家生平的传统，只是在人们有了把艺术品和其创作者联系在一起的习惯后才开始的。因为，"这不是一个普遍的习惯，并不是在所有民族、所有时期都可以见到的"。[17]在中国，对工匠与工艺之间的论述早在汉代以前就已经出现了，但是能幸存下来的工匠名字却少之又少，即使是名字被提到了，他与艺术品之间的联系也未能摆脱在礼仪上的"魔法功能"[magic function]。

14. 王世襄：《髹饰录解说》，北京：文物出版社，1983年，第24页。

15. Curtis Evarts, "The Furniture Maker and the Woodworking Traditions of China". in Beyond the Screen: Chinese Furniture of the 16th and 17th Centuries. Boston: Museum of Fine Arts, 1996. pp. 53-75.

16. Craig Clunas, Chinese Furniture. Victoria and Albert Museum Far Eastern Series.

舜作食器黑漆之、禹作祭器黑漆其外朱画其内

从漆器的制作者见诸于历史文献的记载起，某些"定型性"[stereotype]的看法就与漆工及其作品联系起来了。大村西崖在其《中国美术史》中说道："黑漆之食器，亦虞舜时所成也。……漆器亦为夏禹所造，其所造成之祭器，外施黑漆，而以朱色画于其内云。"[18]其最直接的来源便是《髹饰录》杨明序言中的论述，当时大村氏手上有兼葭堂所藏的《髹饰录》抄本。杨明在《髹饰录》序首云：

漆之为用也，始于书竹简。舜作食器，黑漆之。禹作祭器，黑漆其外，朱画其内，于此有其贡。[19]

从如今所发掘出土的漆器古物看来，漆的采用较竹简为早。（图3.4）所谓漆书竹简，乃传自"漆书"之说，如《辍耕录》中有谓："上古无墨，竹挺点漆而书。"[20]而"舜作食器，黑漆之。禹作祭器，黑漆其外，朱画其内"则一般被认为是因袭了《韩非子》十过篇中的记载："尧禅天下，虞舜受之，作为食器，斩山木而财子，削锯修其迹，流漆墨其上，输之于宫以为食

London: Bamboo Books, 1998. p.70.

17.　Ernst Kris, Otto Kurz, Legend, Myth, and Magic in the Image of the Artist: A historical Experiment. New Haven and London: Yale University Press, 1979. p. 3.

18.　大村西崖：『東洋美術史』，東京：圖本叢刊會，1925 年；中文见大村西崖陈彬龢译：《中国美术史》，上海：商务印书馆，1930 年，第 3 页。

图3.4 河姆渡文化 漆碗 口径9.2—10.6、底径7.2—7.6厘米、高5.7厘米 浙江省博物馆藏

器。……舜禅天下而传之于禹，禹作为祭器，墨染其外，而硃画书其内。"[21]《韩非子》由后人辑集而成，后被班固《汉书》中"艺文志"所录。而《汉书》乃根据刘歆《七略》增删改撰而成，并编入刘向、扬雄、杜林三家于西汉所撰著作。刘向《说苑》中"反质"又引证了《韩非子》的这个典故：

　　尧释天下，舜受之，作为食器，斩木而裁之，销铜铁，修其刃，犹漆黑之以为器。……舜释天下而禹受之，作为祭器，漆其外而朱画其内。[22]

19.　[明]黄成：《髹饰录》，杨明注，日本蒹葭堂藏本，第 3 页。

20.　[元]陶宗仪：《辍耕录》，北京：中华书局，1958 年，第 363 页。

　　大村西崖著述《中国美术史》吸收了当时由西方传入日本的"美术"[fine art]概念体系与中国的治史传统。[23]大村笔下的中国美术史溯源仿照奠定中国古史体例的《史记》般皆以三皇五帝为始，而在美术所囊括的内容方面则将各种工艺、绘画、雕塑、建筑共冶一炉，此则受到费诺罗萨（Ernest F. Fenollosa）等人的东亚美术史研究对日本学者所产生的影响。[24]大村氏的中国美术史著述反映出某种定型的看法，直到近来仍在影响着人们对工匠的描述。这就是取法《周易》所谓"备物致用，立功成器，以为天下利，莫乎圣人"之说。[25]

　　柯惕思（Curtis Evarts）在讨论中国木工的时候引述过《庄子·达生篇》梓庆削木为锯的故事，并以此来说明当时的木匠备受尊敬。[26]杭间同样也借此故事阐述过道家所谓"真正的艺术创造"。[27]这两种表述都各有侧重。但重回《老子》的上下文里

21.　[战国] 韩非：《韩非子》，上海：古籍出版社，1989 年，第 26 页。

22.　[汉] 刘向：《说苑》，北京：北京大学出版社，2009 年，第 543—544 页。

23.　有关西方"美的艺术"概念 见 瓦迪斯瓦夫·塔塔尔凯维奇：《西方六大美学观念史》，上海：译文出版社，2006 年；及 克里斯特勒：《艺术的近代体系》，范景中、曹意强主编：《美术史与观念史》（卷二），南京：南京师范大学出版社，2006 年，第 437—522 页。

24.　フエノロサ 著、有賀長雄 訳『東亜美術史綱』，東京：フエノロサ氏記念会，1921 年。 Ernest F. Fenollosa, Epochs of Chinese and Japanese Art: An Outline History of East Asiatic Design. San Diego, California: Stone Bridge Press, 2007. pp. ⅶ~ⅷ, ⅹⅰ~ⅹⅹⅹⅵ.

25.　《周易》，北京：中华书局，2006 年，第 373 页。

26.　Curtis Evarts, "The Furniture Maker and the Woodworking Traditions of China", in Beyond the Screen: Chinese Furniture of the 16th and 17th Centuries. Boston: Museum of Fine Arts, 1996. p. 53.

27.　杭间：《中国工艺美学史》，北京：人民美术出版社，2007 年，第 47 页。

就会发现与原文的描述有所出入。[28]书中有关工匠的这些记述，
就其所处背景而论，实际上甚或就只是对道家无为而治理想的
"政治表达" [political expression]。包华石（Martin J. Powers）
对照了《荀子》中的记述，并针对《庄子》中所谓"夫残朴以
为器，工匠之罪也；毁道德以为仁义，圣人之过也"，认为
"作者将工匠与圣人并联起来，巧妙地在等级森严的社会秩序
形成之中建立起他们之间在劳动功能上的共性。"[29]

　　以工匠为例的论述只是古代有关礼仪争论的产物而已，对工
匠及工艺重要性的渲染只是无心插柳。有异于《庄子》所提倡的
观点，《考工记》便发展了《周易》中的圣人创物说，曰：

> 知者创物，巧者述之守之，世谓之工。百工之事，皆圣人
> 之作也。烁金以为刃，凝土以为器，作车以行陆，作舟行水，
> 此皆圣人之所作也。[30]

　　这俨然就是《墨子》和《论语》中对圣人标准的混合体。
普鸣（Michael Puett）针对这段描述总结道："不像荀子那样将
圣人的活动等同于工匠的劳动，《考工记》的作者追随墨家，
将圣人描述为工艺的创造者，而并非实际的从事者。"[31]

28.　Angus Charles Graham, Disputers of the Tao: Philosophical Argument in Ancient China. Chicago: Open Court, 1989. pp. 306-311.

29.　Martin Joseph Powers. Pattern and Person : Ornament，Society，and Self in Classical China. Cambridge: Harvard University Asia Center, 2006. pp. 83-98.

30.　张道一 注译：《考工记注译》，西安：陕西人民美术出版社，2004 年，第 8 页。

31.　Michael Puett, The Ambivalence of Creation: Debates Concerning Innovation and Artifice in Early China. Stanford, California: Stanford University Press, 2001. pp. 64-77.

　　由此可见，有关工匠与圣人的关系实质上是政见论争的借用。而争论的最后则由吸收改造了各家思想的儒家取得了胜利。今所见《考工记》便是辑录于曾经独尊儒术的汉代，并被编入《周礼》，以补缺失了的《冬官》篇。[32]《考工记》中所透露出的圣人创物说影响了《髹饰录》的写作。黄成在《髹饰录》"乾集"所说："此以有圣者，有神者，皆示以功以法。"[33]杨明在"楷法"下又补充道："法者，制作之理也。知圣人之意而巧者述之，以传之后世者。"[34]在这里，"巧者"被描述为"圣人"与"后世者"之间的中介。既然工匠在文本论述中能与圣人相通，那么关于他们名不见经传的状况就显得莫名其妙了。导致这种情况出现的原因要么是文本中的描述其实只是脱离当时工匠实际的一种理想化的表达，要么是文本中所讨论的所谓工匠其实并不仅仅是掌握着工艺制作技术的劳动实践者。

盖古无漆工、令百工各随其用使之治漆

　　国有六职，百工与居一焉。或坐而论道，或作而行之，或审曲面执，以饬五材，以辨民器，或通四方之珍异以资之，或饬力以长地财，或治丝麻以成之。坐而论道，谓之王公；作而行之，谓之士大夫；审曲面执，以饬五材，以辨民器，谓之百工；通四方之珍异以资之，谓之商旅；饬力以长地财，谓之农

32.　张言梦：《〈考工记〉在两汉时期的流传及其与〈周礼〉的关系》，范景中、曹意强主编：《美术史与观念史》（第四卷），南京：南京师范大学出版社，2006 年，第25—35 页。

33.　[明] 黄成：《髹饰录》，杨明注，日本蒹葭堂藏抄本，第 6 页。

34.　同上。

夫；治丝麻以成之，谓之妇功。[35]

从《考工记》这段描述中可见六个社会阶层："王公""士大夫""百工""商旅""农夫""妇功"，前三个属于负有管理职能的上层，后三个则处于下层。王公制定政策方针，士大夫与贵族位居各种管理职位执行王公所制定的决策；农夫耕种有价值的作物，妇女从事丝麻纺织，商人流通各种货物、提供各类资源。这种社会结构，由下层的农夫、妇女、商人从事生产，财富由底层往上层层输送。这种社会结构在现代以前的许多社会当中较为普遍。但是，《考工记》将百工安排在王公、士大夫之下，在商旅、农夫、妇功之上，这与传统中国所谓的"四民社会"——士、农、工、商的划分又有所不同。[36]

百工被安排在王公、士大夫之下，商人、农夫、妇功之上，说明《考工记》中的百工实际上介乎于管理阶层与下层劳动者之间。百工乃从"审曲面执，以饬五材，以辨民器"之职，"审"即审察，"饬"即整理，"辨"即辨识，这些都是管理方面的职能。"审""饬""辨"作为工匠所从事劳动的重要组成部分，同时又具有维持社会秩序的重要功能。[37]郑玄注《考工记》曰："百工，司空事官之属。于天地四时之职，亦处其一也。司空，

---

35. 张道一注译：《考工记注译》，西安：陕西人民美术出版社，2004年，第2页。
36. Martin Joseph Powers, Pattern and Person : Ornament，Society，and Self in Classical China. Cambridge: Harvard University Asia Center, 2006. p. 91.
37. 同上，第92页。

掌营城郭，建都邑，立社稷宗庙，造宫室车服器械，监百工者，唐虞已上曰共工。"[38]司空与司马、司寇、司士、司徒并称五官，乃周代官职，仅次于三公。百工属司空之事。

在司空的监管之下，百工各专其职：

凡攻木之工七，攻金之工六，攻皮之工五，设色之工五，刮摩之工五，搏埴之工二。攻木之工：轮、舆、弓、庐、匠、车、梓；攻金之工：筑、冶、凫、栗、段、桃；攻皮之工：函、鲍、韗、韦、裘；设色之工：画、缋、锺、筐、慌荒；刮摩之工：玉、楖、雕、矢、磬；搏埴之工：陶、瓬。有虞氏上陶，夏后氏上匠，殷人上梓，周人上舆。[39]

可是，纵观这三十个工种，却没有包含独立的攻漆之工的存在。杨明在《髹饰录》序中曰："盖古无漆工"即受此影响。

杨明此处所谓"古"，乃是指周代，因为他后面又说道："别有漆工，汉代其时也。"[40]杨明认为，周代大概没有专门的事漆工匠，而是"令百工各随其用，使之治漆"。[41]例如《考工记》中关于弓的制作："弓人为弓，取六材必以其时，六材既聚，巧者和之。干也者，以为远也；角也者，以为疾也；筋

38.　[汉]郑玄注、[唐]贾公彦疏：《十三经注疏》(周礼注疏·冬官考工记)，上海：古籍出版社，2010年，第1520页。
39.　张道一注译：《考工记注译》，西安：陕西人民美术出版社，2004年，第15—18页。
40.　[明]黄成：《髹饰录》，杨明注，日本兼葭堂藏抄本，第4页。
41.　同上。

也者，以为深也；胶也者，以为和也；丝也者，以为固也；漆也者，以为受霜露也。"在制弓过程中要用到漆作加工。又有"舆人为车"之"饰车欲侈"。[42]因而杨成谓："周制于车，漆饰愈多焉，于弓之六材，亦不可阙，皆取其坚牢于质，取其光彩于文也。"[43]如若周代没有设立专职的漆工，最大的可能乃是由于漆器制作的步骤过程基本上已经被其他工种所囊括。《考工记》中的"攻木之工"就能制作漆器所用各种木胎，而"攻金之工"则能制作釦器的金属配件，"设色之工"能从事漆器的装饰涂绘，"刮摩之工"从事漆器打磨的工序。[44]

　　从考古发掘的资料显示，有关专门的"漆工"设置，实际上早在战国时代的铭文之中就已经出现了。[45]在1975至1976年间，出土于湖北云梦睡虎地秦墓的带铭文漆器以及秦简成为迄今研究汉代以前漆工情况极为重要的材料。[46]在出土著名的"云梦秦律"的睡虎地秦墓M11里，同时还出土了一百四十多件漆器，所出土漆盛上烙印有"亭上""告""包""素"诸字，并针刻有"安里皇"等字；出土漆盂上则烙印有"亭"字，针刻有"上造□"诸字；出土漆奁上烙印有"亭上""告""咸亭包""咸□"诸字，针刻有"钱里大女子"等字。《吕氏春秋》有云："物勒工名，以考其诚，工有不当，必行其罪，以

---

42. 张道一注译：《考工记注译》，西安：陕西人民美术出版社，2004年，第60页。

43. ［明］黄成：《髹饰录》，杨明注，日本蒹葭堂藏抄本，第3页。

44. 何豪亮、陶世智：《漆艺髹饰学》，福州：福建美术出版社，1990年，第1页。

45. 中国社会科学院考古研究所 编：《殷周金文集成》，北京：中华书局，1992—1994年，册十六，第291页；册十七，第441、450、451页。

46. 云梦睡虎地秦墓编写组：《云梦睡虎地秦墓》，北京：文物出版社，1981年。

47. ［战国］吕不韦：《吕氏春秋》（卷十·孟冬纪），北京：中华书局，2011年，第280页。

究其情。"[47]从云梦出土的秦律
中有"工律"记曰："公甲兵各
以其官名刻久之，其不可刻久
者，以丹若髹书之。"[48]由此可
知，从战国末年至秦一统六国，
在规定的器物上会留下工匠的相
关信息以及标上物主的识记。对
于睡虎地所出土漆器上铭文是
"刻"与"书"的差别，肖亢达
则认为："云梦睡虎地秦墓所出
漆器上的针刻铭记，当是'物勒
工名'制度的反映，而不是物主
留下的铭记。"[49]而对于铭文中
屡屡出现的"亭"字，佐藤武敏
认为是受秦律"关市"对漆器进
行监督的证据。[50]（图3.5）

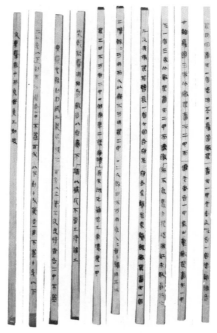

图3.5　秦 云梦睡虎地11号墓出土竹简 长23.8～
24.5厘米 湖北省博物馆藏

　　云梦睡虎地秦墓所发现漆器上的铭文虽然过于简略且难
以追踪漆工实际的组织设置，但同墓所出土的秦简却能反映
出秦代工匠管理结构的一些情况。高敏便据云梦秦简的记录

48.　睡虎地秦墓竹简整理小组：《睡虎地秦墓竹简》，北京：文物出版社，1978年，
第71页。

49.　肖亢达：《云梦睡虎地秦墓漆器针刻铭记探析——兼谈秦代"亭""市"地方官
营手工业》，《江汉考古》，1984年第2期，第67—72页。

50.　佐藤武敏：「秦·漢初の漆器の生産について」，『古史春秋』第4号，1987年。

51.　高敏：《论〈秦律〉中的"啬夫"一官》，《云梦秦简初探》，郑州：河南人民出版社，讨论了各种"啬夫"的职权情况。[51]裘锡圭也认为铭文"亭"字是"亭啬夫"兼管市务的例证。[52]山田胜芳则对秦代的"工室啬夫"进行了归纳。[53]"工室"是秦代制作各种器具的官署名称。其人员包括："工室啬夫""佐官""工师"、"丞""曹长"等官吏，其下有大批的"工""隶臣"及"鬼薪"。后来在西安出土的一批秦代封泥又说明了"工室"归属"少府"，并且全面印证了《汉书》所列《百官公卿表》的基本内容。[54]

别有漆工，汉代其时也

因为《考工记》上没有"漆工"的记录，所以杨明便据此推测周代并没有专门设置"漆工"一职。但是他从典籍上知道汉代已经有专门称为"漆工"的职业。《后汉书·申屠蟠》云："蟠家贫，佣为漆工。"[55]于是杨明说道："别有漆工，汉代其时也。后汉申屠蟠，假其名也。"[56]杨明的论述其实完全是建立在流传于晚明时代的古典读物记载之上。但是，杨明若非到了20世纪是无从了解汉代以前的漆器铭文情况的。如今研究

1979 年，第 170—186 页。

52. 裘锡圭：《啬夫初探》，《云梦秦简研究》，北京：中华书局，1981 年，第 275 页。

53. 山田勝芳：「秦漢代手工業の展開：秦代工官の変遷から考える」，『東洋史研究』第 4 号，1998: 701—732.

54. 黄留珠：《秦封泥窥管》，《西北大学学报》1997 年第 1 期。

55. [南朝]范晔：《后汉书》，长春：吉林人民出版社，1995 年，第 993—995 页。

56. [明]黄成：《髹饰录》，杨明注，日本兼葭堂藏抄本，第 4 页。

57. 王国维：《古史新证》，北京：清华大学出版社，1994 年，第 2 页。

中国古代早期漆器设计史的学者往往仰仗于20世纪所出土的一大批古代漆器遗物。

王国维尤为重视取地下之实物与纸上之遗文互相释证的考据方法："吾辈生于今日，幸于纸上之材料外，更得地下之新材料。由此种材料，我辈固得据以补正纸上之材料。"[57]王氏所提倡的这种"二重证据法"在20世纪上半叶得到进一步发展。[58]与此同时，带有铭文的漆器遗物也陆续被发现并掀起一股研究古代漆器手工业的热潮。1916年，日本考古学家关野贞在朝鲜石岩里的古墓葬中发现了汉代乐浪郡带铭文的漆器。[59]此后，日本学者陆续在平壤附近的乐浪古坟中发掘到一批带铭文的漆器，成为在马王堆汉墓发现以前研究汉代漆工业最具代表性的文物资料。[60]正是20世纪以来大量从今天湖北、湖南、江苏、山东、四川各地发现的汉代漆器遗物与流传至今的地上文献相互印证，才明晰了许多关于汉代漆器生产的情况。

《汉书·百官公卿表序》曰："少府，秦官，掌山海池泽之税，以给共养，有六丞。属官有尚书、符节、太医、太官、汤官、导官、乐府、若卢、考工室、左弋、居室、甘泉居室、左右司空、东织、西织、东园匠十六官令丞。"[61]"考工室"

58.　陈寅恪：《王静安先生遗书序》，《陈寅恪集·金明馆丛稿二编》，北京：三联书店，2001年，第247页。

59.　關野貞：『樂浪郡時代の遺蹟』，朝鮮總督府，1925年；關野貞：「樂浪帶方兩郡の遺蹟及遺物」，『考古学講座』第24卷，国史講習会·雄山閣,1930:1—96.

60.　原田淑人、田沢金吾：『楽浪』，东京帝国大学文学部，1930年；朝鮮古蹟研究會編纂：『樂浪彩篋冢』，朝鮮古蹟研究會，1934年。

61.　[汉]班固：《汉书》，长春：吉林人民出版社，1995年，第562页。

62.　Anthony J. Barbieri—Low, The Organization of Imperial Workshops during the Han

即"工室"，在汉武帝太初元年（公元前104年）更名为"考工"。李安敦（Anthony J. Barbieri—Low）梳理了"考工"中的管理结构："这个机构由'令'所执掌。其下的漆工和铜工由'右丞'所运作。可能还有'左丞'负责其他的工作。在公元八年，'考工'中的漆工由'掾'负责，并受'右丞'所管理。'令史'则负责书写的工作。工厂中所雇用的官吏则比铭文所反映出的还要多得多。"[62]

据李安敦对漆器铭文的分析，"考工"并非生产最为高级的漆器，还有更为高级的部门"尚方"。[63]汉代大量的漆器遗物出土证明了这些物品的生产规模庞大，机构众多。雷德侯（Lothar Ledderose）便以"工厂"[factory]而不是"作坊"[workshop]来描述漆器的这种生产方式："作坊是由技艺精熟的匠师经营的小企业，工厂则是由管理人员领导的大规模的生产形式。管理者本人不必是工匠，他的责任是齐备原材料和工具，组织工匠，监督他们的工作，估算工厂的产量并控制资金的使用。"[64]

雷德侯特别举了一个来自德国林登博物馆所收藏的汉代漆盖上的铭文为例：

建平三年（公元前4年），蜀郡西工造乘舆髹洇画，纻黄

Dynasty, Thesis (Ph. D.) Princeton, New Jersey: Princeton University, 2001. p.69.

63.　同上，第68页。

64.　Lothar Ledderose, Ten Thousand Things: Module and Mass Production in Chinese Art, Princeton, New Jersey: Princeton University, 2000. p. 75.

65.　同上。

涂辟耳樽。容三升盖。髹工有、上工宜、铜辟黄涂工古、画工丰、汩工戎、清工宝、造工宗造。护工卒史嘉、长鲍、丞骏、掾广、守令史岑。[65]

雷氏将之与王仲殊所比较过的十件漆器铭文进行对照，进而推论这批出自"蜀郡西工"的产品"与制作秦俑大军的情形一样，铭文上留有名字的人员，恐怕绝不是普通的工匠，而是一队工匠的工头。这些工头也不可能用自己双手完成该工厂所出产的成千上万的产品。然而，他们必须指导成组的工匠，并且对这些工匠的劳作负有个人的责任。"[66]而且，雷氏还在最后提及负责监督管理的工官经常变动，而一般的漆工却是常年在位的。（图3.6）

图3.6 汉 漆盖（公元前4年）高3.1厘米 直径10.3厘米 德国斯图加特林登博物馆藏

将现今所见的来自"蜀郡西工"的漆器铭文作一比照，就会发现漆工们也会时常改变他们的工种或兼做多个工种，而且也有漆工逐渐晋升成为工官的情况。例如，"蜀郡西工"中的"丰"作为"素工"出现在石岩里丙坟出土的元始三年耳杯上，又作为

66.　同上，第 79 页。

67.　[汉] 班固：《汉书》，长春：吉林人民出版社，1995 年，第 2081 页。

"画工"出现在乐浪古坟出土元始三年耳杯上，作为"铜釦黄涂工""丹工"分别出现在乐浪古坟出土的元始四年（公元4年）的绘盘及耳杯上。又如，"蜀郡西工"中的"戎"出现在建平四年（公元前4年）漆盒盖上，作为"丹工"又出现在石岩里丙坟出土元始三年（公元3年）耳杯以及乐浪古坟出土元始四年的几件漆盒、绘盘、耳杯上，而在乐浪古坟出土的天凤元年（公元14年）一件绘盘的铭文上"戎"成为了"守丞"。

《汉书·禹贡传》曰："蜀广汉主金银器，岁名用五百万。"[67]汉代除了著名的蜀郡精善于金银釦漆器之外，还有广汉郡产釦器供奉内廷。《后汉书·百官志》谓："随事广狭置令、长及丞……有工多者置'工官'。"[68]"蜀郡""广汉郡"设"长"及"丞"，专设有"工官"管理。"工官"乃汉承秦制，为管理手工业发达的地方而设。"工官"在汉代的沿袭说明其时的大多数工匠服务于国家工厂，并且受制于官府的管理与监督。只有少部分漆工在民营漆器作坊从事生产，而且相关的文献稀少，地下文物铭文不详，具体情况仍有待作进一步探索。蜀、广汉两郡出土带有铭文的较多，据推测此两地的漆器制作自西汉昭帝始元二年（公元前85年）至东汉和帝永元十四年（公元102年）一直在持续。另外，地下出土文物的减少、精美程度的下降、私人铭文的增多都反映出东汉末期漆器生产衰落的状况。由此种种情况表明，如果没有近世以来地下

68.　[南朝] 范晔：《后汉书》，长春：吉林人民出版社，1995年，第2024页。

69.　索予明：《蒹葭堂本髹饰录解说》，中国台北：商务印书馆，1974年，第3页。

出土漆器文物的佐证，实难以有今天如此之多的了解。这就正如索予明所谓"因时代与资料所限，固非三百年前此序之作者杨氏所得而豫知者，不足为病也"。[69]

然而，索氏此言似乎低估了有关漆工的历史描述所形成的"魔力"[magic]。这些记述自出现之日起就从来没有失去过他们的意义，直到今天还在影响着人们对漆工的看法。《髹饰录》序言中对古代漆工的描述只是在延续一种描述的传统。在对传统中关于漆工记载的描述中，《髹饰录》的作者根据古典的记录，顺理成章地将漆艺、漆器、漆工抬升到仅次于圣人创物的另一种高度，即便在现实当中，漆艺的意义、漆器的功能、漆工的地位事实上并没有描述中理想，但作者在发挥传统力量的同时，无疑已大大地增加了该书的权威性。

三、果园厂工

对工匠信息的记录表明艺术品已经不再只为礼仪服务，"不再为一个单一的目的而存在，而且它的价值至少已在某种程度上变得独立于这种联系"。[70]真正关注于漆工及其漆器创作的描述出现在元末明初的文本记载里，一些技艺超群的漆工为时人所传颂，被零星地记录在案。陶宗仪《辍耕录》便记述了杨汇的戗金戗银法；[71]曹昭《格古要论》则提到杨汇的剔

---

70. Ernst Kris, Otto Kurz, Legend, Myth, and Magic in the Image of the Artist: A historical Experiment, New Haven and London: Yale University Press, 1979. p. 4.
71. [元]陶宗仪:《辍耕录》，北京：中华书局，1958年，第378页。

图3.7 明成祖（永乐帝）坐像 挂轴 绢本设色 长220厘米 宽150厘米 台北故宫博物院藏

图3.8 元 张成 栀子纹剔红盘 直径17.8厘米 高2.8厘米 北京故宫博物院藏

图3.9 元 张成 剔犀盖盒 直径4.8厘米 高6.2厘米 安徽博物馆藏

犀；[72]王佐后来又在《新增格古要论》里述及杨汇、杨茂、张成善剔红，彭君宝精于戗金。[73]据说永乐帝（1360—1424）得闻漆工张成之名后召之，可惜其时张成已故去，复难觐见。（图3.7、图3.8、图3.9）

---

72. ［明］曹昭：《格古要论》（1388 年版），摘自吾宵：《〈格古要论〉笺注与研究》（二），杭州：中国美术学院，2009 年，第 123 页。

73. ［明］曹昭、王佐：《新增格古要论》，杭州：浙江人民出版社，2011 年，第 258 —259 页。

74. 中岛楽章：「永楽年間の日明朝貢貿易」，九州大学大学院人文科学研究院 編：『史

永乐帝

永乐元年，即1403年，永乐大帝朱棣刚登基不久，日本室町幕府足利义满又遣使来朝，进贡马、硫磺、枪、太刀、屏风、砚盒诸物；[74]永乐帝则回赐生丝、绢、漆器等物。[75]明廷后来又陆续在永乐四年（1406）、五年（1408），赐赠一批精美的剔红漆器予日本皇室。[76]甘纳尔（Harry Garner）曾经论述过永乐给日本的国书，认为剔红器上的永乐款是后加的。[77]屈志仁（James C. Y. Watt）则从制作时间方面进行考量，猜测永乐、宣德剔红器可能出自洪武朝。[78]李经泽和胡世昌翻查了永乐元年中国赐送日本国王的五十八件剔红漆器资料，并根据国书清单上所记录的尺寸、纹饰等细节与永乐帝圣旨上的记录作比照，进而从传世品中鉴别出一组可能是洪武朝所制作的雕漆器。另外，他们还对永乐元年所送漆器的情况进行分析，推断不可能在这么短的时间内得以制成输出日本。而且，在短暂的建文年间（1398—1402）也不可能制造出如圣旨上所要的奢侈之作。

渊』，140 辑，2003: 51—99.

75. ［明］李时勉 等 :《明太宗实录》中国台北 : 台湾"中央"研究院历史语言研究所校印本，1962 年，第 431—447 页。

76. 德川義宣 :『唐物漆器』，名古屋 : 德川美術館，1997 年；德川美術館、根津美術館 編 :『彫漆 - うるしのレリーフ』，德川美術館出版，1984 年。

77. Harry M. Garner, "The Export of Chinese Lacquer to Japan in the Yuan and Early Ming Dynasties", Archives of Asian Art. 24—25(1970—1973): 6—28. Harry M. Garner, "Two Chinese Carved Lacquer Boxes of the Fifteenth Century in the Freer Gallery of Art". ARS Orientalis, Ⅸ, 1973: 41-50.

78. James C. Y. Watt, Barbara Ford, East Asian Lacquer: The Florence and Herbert Irving Collection, New York: Metropolitan Museum of Art: Distributed by Abrams, 1991.

79. Lee King—tsi, Hu Shih—chang, "Carved Lacquer of the Hongwu Period", Oriental

进而，他们断定永乐初期赐予日本幕府的漆器皆为洪武时所造。[79]

有关明初漆器生产的记载甚少。清顾祖禹曾在其《读史方舆纪要》中提及：

> 洪武初……乃立三园，植棕、漆、桐树各千万株以备用，而省民供焉。[80]

夏更起据此推测明朝宫廷漆器的制作，始于洪武朝。[81]然而，洪武一朝至今未见有确切年款的漆器制品传世。杨伯达则对明初山东鲁王朱檀的墓葬所出土八件漆器遗物进行分析，认为御用监承造皇家御用漆器，估计此"是亲王等级的体现，是由内廷作坊制造的"。[82]关于永乐朝的漆器资料则较洪武时丰富得多。除了有不少永乐款的漆器流传至今外，还有各种档案资料的记录。就这些材料出现的数量而论，已经成为许多学者断定明初宫廷漆艺繁荣的依据。关于永乐年间外赐大批漆器的记载则被认为是永乐帝喜好漆艺的写照。[83]

蔡石山在为永乐帝作传时，评价他残忍却又有善心，不苟

Art, Vol.XLVII No.1, 2001.

80.　[清]顾祖禹：《读史方舆纪要》，上海：书店出版社，1998年，第164页。

81.　夏更起：《突破传统不断创新的元明漆器》，夏更起主编：《元明漆器》，香港：商务印书馆；上海：科学技术出版社，2006年，第20页。

82.　杨伯达：《明朱檀墓出土漆器补记》，《文物》，1980年第6期，第70—74页。

83.　陈丽华：《漆器鉴识》，南宁：广西师范大学出版社，2002年，第200页。

84.　Shih—shan Henry Tsai, Perpetual happiness: the Ming emperor Yongle, The University of Washington Press, 2001. pp.203-218.

言笑却又多愁善感。[84]但这丝毫未曾影响永乐帝作为明代前期最为重要的宫廷漆艺"赞助人"[patron]形象。而雕漆艺术上所谓的"永宣风格"则是指永乐时所形成的漆艺趣味，包括了其他受此影响的各种漆器制作。屈志仁曾针对永乐时期的几件漆器遗物评介道："在14世纪以前的雕漆艺术主要是立体浮雕装饰，尤其是园林山石及各种花卉图案元素最为显著。"[85]而到了15世纪永乐之时，则"逐渐回归到宋元时代的特色，即平整的表面浮雕装饰"。[86]

屈氏称此时的雕漆艺术代表了永乐时期某些艺术正在"回归本土传统"。[87]如是这般，此时雕漆器的繁荣究竟是永乐帝的个人偏好还是赠礼的需要所催生的呢？抑或，这根本就是同一回事？然而，就当时宫廷艺术的奢华程度看来，永乐帝并非有着"包豪斯的功能主义者般"[88]简朴的精神生活。对照黄仁宇的研究，就会发现永乐帝乃是明朝为数不多可以专行独断的皇帝之一。[89]永乐帝承袭了洪武时所拟定的礼治蓝图，这种规划源自明太祖身边的儒家谋士们的主张。[90]而太祖所建立的典章制度则

---

85. James C. Y. Watt, "Yongle and the Arts of China", James C. Y. Watt. Denise Patry Leidy. ed. Defining Yongle: Imperial Art in Early Fifteenth—Century China. New York: The Metropolitan Museum of Art, 2005. p. 20.

86. 同上。

87. 同上。

88. Shih—shan Henry Tsai, Perpetual happiness: the Ming emperor Yongle, The University of Washington Press, 2001. p.16.

89. Ray Huang, 1587, A Year of No Significance: The Ming Dynasty in Decline, New Haven, 1981.

90. John W. Dardess, Confucianism and Autocracy: Professional Elites in the Founding

成为此后明朝两百多年统治的礼仪依据。[91]其目的是通过某些制度的改革和礼仪的变化来杜绝前朝的衰弱与失误，并以此在一定程度上刷新社会政治氛围。[92]

永乐帝继续以"纲纪""礼法"为思想维持新建的社会秩序。明初的官方文献一再显示朝廷对器物有"定夺样制""关出式样"的要求。[93]梅德莱（Margaret Medley）将官方用瓷与雕漆器的龙凤纹等纹样进行相互比较，并推测二者在图案上多有相似，或许有着通用画样的存在。[94]而甘纳尔则根据明初官用雕漆器紧密严谨的控管纹样和构造特征进行分析，并针对弗利尔美术馆（Freer Gallery of Art）与鲁贝尔（Fritz Löw—Beer）所收藏的两件人物纹剔红器作比照，推测纹样的应用与内府御用监有着密切关系。[95]永乐帝自用或外赐的各种宫廷漆器大多出自内府监制作。这些漆器的设计制造有着各种各样的要求与规定，对官民所用器物的规范与严惩便是明初等第制度被严格推行的明证。

---

of the Ming Dynasty, University of California Press, 1983. pp. 9-10.

91.　Edward L. Farmer, Zhu Yuanzhang and Early Ming Legislation: The Reordering of Chinese Society following the Era of Mongol Rule, Leiden: E. J. Brill, 1995. pp. 4-17.

92.　Gilbert Rozman, The Modernization of China, Free Press, 1982.

93.　[明] 申时行等撰 :《大明会典》,《续修四库全书》册七九二，上海 : 古籍出版社，1996 年。

94.　Margaret Medley, "Imperial Patronage and Early Ming Porcelain", Transactions of the Oriental Ceramic Society 55, 1990: 29-42.

95.　Harry M. Garner, "Two Chinese Carved Lacquer Boxes of the Fifteenth Century in the Freer Gallery of Art", ARS Orientalis, Ⅸ, 1973: 41-50. Low—Beer, Manchen—Helfen, "Carved Red Lacquer of the Ming Period", Barlington Magazine. Oct. 1936. Low—Beer, "Chinese Lacquer of the 15th Century", B.M.F.E.A., 22, 1995: 154-167.

营缮所

甘纳尔所述及的御用监自明初起就专门执掌造办宫迁所用诸器。明刘若愚撰《酌中志》有关"内府衙门职掌"云：

（御用监）凡御前所用围屏、摆设、器具，皆取办焉。有佛作等事，凡御前安设硬木床、桌、柜、阁及象牙、花梨、白檀、紫檀、乌木、鸂鶒木、双陆、棋子、骨牌、梳栊、楪甸、填漆、雕漆、盘匣、扇柄等件，皆造办之。[96]

除了御用监涉及漆器制作之外，还有司礼监专营龙床、龙椅、箱、柜之类，内官监掌成造婚礼衾、冠、仪仗等等，其中也包括漆工活计。

明朝的漆料采纳数量巨大，主要来源自土贡、分抽、田赋以及采取，官用漆料收采后，存于丁字库。采纳的生漆、桐油须经过严格检验，方可入库，再按年例向所需机构发放。纳用的机构主要是工部、内府监局中各司卫所。工部属下营缮司，职掌制造帝后及皇亲国戚之卤簿等器物，并及管理工匠簿籍等等。验试厅则专司验收物料及某些成品，其中包括查验丁字库所收漆料。都水清吏司其下的器皿厂匠作有十八种，其中漆料应用在木作、油漆作、贴金作、彩画作等部门中。而内府监局则是另一纳用漆料的重要部门，共有二十四监司局，其中涉及

---

96. ［明］刘若愚：《酌中志》，北京：古籍出版社，2000年，第103页。

漆工活计的主要便是司礼监、内官监及御用监。这些监局均需按照所颁布的律令规范各种器皿的制造，例如规定的龙凤纹样就只能属于皇族所使用，不容有任何僭礼越制之举。[97]

自洪武时起，明朝便一直倡导"崇俭黜奢"的治国典范，以防皇权被僭越，并藉此稳定社稷、维持国势。各个司卫所的职能便是严格督管各级制作单位按规定办事。柯律格便专门讨论过明代营缮与明代的"消费管理"[regulation of consumption]问题。他指出："沿袭前朝惯例，明朝亦并非简单地禁止那些不受制约、不应时务的消费，而是通过禁奢的法律系统尽各种努力来管束这种消费。虽然理论上各种规范注定了不同的社会地位并将之固定了下来，但在各种奢侈商品流通扩大的社会里，禁奢法律是其典型的特征。"[98]

为了抑制奢侈消费可能会助长僭越之风，洪武帝颁布禁奢令并且严惩犯规之人。林丽月便以有关"服舍违式"为核心，讨论了洪武朝的禁奢礼制，并论及往后各朝的禁奢令情况。[99]在明代早期，从洪武帝到永乐帝对国家的统治和管理都建立在强大的军事与政治权力之上。直至明中叶，政府缺乏财力成为了改革的最大阻碍。[100]禁奢令一再颁布，但到了此时，禁奢已然

97. ［明］申时行等撰：《大明会典》，《续修四库全书》册七九二，上海：古籍出版社，1996 年，第 28—32 页。

98. Craig Clunas, "Regulation of Consumption and the Institution of Correct Morality by the Ming State", Chün—chieh Huang, Erik Zürcher ed. Norms and the State in China. Sinica Leidensia. Leiden, New York, Cologne: Brill, 1993. pp. 39-49.

99. 林丽月：《明代禁奢令初探》，《台湾师范大学历史学报》第 22 期，1994 年，第 57—84 页。

100. Ray Huang, Taxation and Governmental Finance in Sixteenth—Century Ming

难以到位。其中最为突出的论调是"崇侈黜俭"的抬头。明人陆楫在《禁奢辨》中曰：

> 自一人言之，一人俭则一人或可免于贫。自一家言之，一家俭则一家或可免于贫。至于统论天下之势则不然。[101]

傅衣凌曾讨论过陆楫的言论，认为由淳朴转为奢靡正是新的社会经济的发展反映到上层建筑和意识形态的变化，同时，他指出："这种从俭而奢的社会风气，封建制度上下秩序的颠倒，并不是个别现象，而是15、16世纪以后南北各地所普遍存在的。"[102]

对于明中后期的这种情势，卜正民（Timothy Brook）曾借晚明歙县知县张涛的描述透露出时人对明朝国运流转的嗟叹。[103]"张涛心目中的明朝历史是一部无情的衰落史。明朝从建立者太祖洪武皇帝所强力推行的稳定的道德秩序最终滑向一个完全商业化的，在张涛眼中还是道德堕落的社会。"[104]自建立明朝后，洪武皇帝命中书省、翰林院、太常司等订定祭祀典籍，以立礼法纪纲。营缮所便是洪武时为管制舍用规范化而

China, Cambridge University Press, 1974. pp. 223-224.

101. [明]陆楫：《禁奢辨》，陈国栋、罗彤华主编：《经济脉动》，北京：中国大百科全书出版社，2005年，第258页。

102. 傅衣凌：《明代江南市民经济试探》，上海：人民出版社，1957年，第106—109页；傅衣凌：《明清社会经济变迁论》，北京：人民出版社，1989年，第12—15页。

103. Timothy Brook, The Confusions of Pleasure: Commerce and Culture in Ming China, Berkeley and Los Angeles, California: University of California Press, 1999. pp. 1-5.

104. 同上，第8页。

设，于洪武二十五年（1392）由原来的将作司所改置。在明中叶以后，随着商业的日益发展，财富的增长以及奢侈品的流通已让禁奢令形同虚设。

当然，营缮所是必须忠实于朝廷所颁布的禁奢令的，纵使奢侈风气已甚嚣尘上，但在关键时刻，禁奢令的力量仍然足以给僭越者以致命一击。柯律格便以权臣严嵩的倒台为例总结过这种情形："尽管这项律令备受蔑视，但当一位高官失宠继而发现他拥有的袍服上饰有理论上只属于皇族的禁忌图案时，这项法律仍会生效。当严嵩被捕后，他所拥有的家具也许可以进一步证明他的奢靡——也许证明出他的贪婪与腐败——但这仍并非是导致他倒台的首要原因。僭礼越制或许是最后一击，致其于死地。"[105]

果园厂

在记录抄没严嵩家财的《天水冰山录》当中便有不少奢华的漆艺家具记录。[106]明朝政府为了抑制奢侈品消费所规定的禁奢令主要是针对服舍违式，包括房舍、车服、器物等第，而作为赠礼的漆艺家具却能够侥幸规避禁奢令的规定。[107]"在明代的礼物文化当中，漆艺占有一席之地，严嵩家藏的漆屏风和床榻极可能是别人送赠的礼物。家具的规模在这里显得非常重

---

105. Craig Clunas, "Furnishing the Self in Early Modern China", in Beyond the Screen: Chinese Furniture of the 16th and 17th Centuries. Boston: Museum of Fine Arts, 1996. p. 29.

106. [明] 佚名：《天水冰山录》，北京：中华书局，1985 年，第 199 页。

107. Craig Clunas, Superfluous Things: Material Culture and Social Status in Early Modern China, Honolulu: University of Hawai'i Press, 1991. pp. 147-152.

要。这些作为礼物的家具在运送途中展示于公众眼前，观众可从这些礼物的收授中猜见送礼之人与严嵩之间维系着不平等却强势的庇护关系。"[108]

严嵩曾经位极人臣，在他的家藏中是否也有不少皇上御赐呢？《天水冰山录》语焉不详，具体情况均不得知。而有关皇家的"给赐""赏赍"，在《明会典》《礼部志》中却有明文记录。[109]对外赏赐，便有如前面述及永乐帝赐送日本的剔红器，主要是对遣使前来朝贡的外夷邻邦进行的赏赐。对内赏赐的对象则相当广泛，主要是官员及皇亲国戚。亲王、品官、功臣、将士、命妇等等，各由礼部定其赏格，各有等差，依照不同品阶论功行赏。赏赐的礼物范围更广，主要有金银财帛、各种贵重器物，也有饮食，甚至立碑赐葬。其中所赐送的漆器一般来自皇家御制。前面已经提到过明代官方的漆器制作单位主要分为工部和内府御用监两类。工部在永乐时设器皿厂，专管"诸如九陵及婚丧典礼诸器物，并各衙门一应器物，或题造、或咨造者，各按例斟酌造办。有造作公署，所属为营缮所注选所丞一员"。[110]

除了器皿厂，永乐迁都北京后又建有果园厂，专造皇家漆器。明人张爵《京师五城坊巷衚衕集》云：

108. Craig Clunas, "Furnishing the Self in Early Modern China", in Beyond the Screen: Chinese Furniture of the 16th and 17th Centuries. Boston: Museum of Fine Arts, 1996. p. 29.

109. [明]申时行等撰：《大明会典》,《续修四库全书》册七九一，上海：古籍出版社，1996 年，第 117—125 页；《礼部志稿》,《景印文渊阁四库全书》册五九八，中国台北：台湾商务印书馆，1986 年，第 688—697 页。

110. [明]何士晋：《工部厂库须知》(北京图书馆古籍珍本丛刊·47)，北京：书目文献出版社，1998 年，第 646 页。

中城，在正阳门里，皇城两边……积庆坊……皇墙西北角……甲乙丙丁戊字库……经厂、果园厂、洗白厂、暖阁厂、冥器厂……[111]

明刘若愚《酌中志》中"大内规制纪略"云：

玉河桥玉熙宫迤西曰棂星门。棂星门迤西曰西酒房、曰西花房、曰大藏经厂。又西曰洗帛厂，曰果园厂。[112]

清人孙承泽《天府广记》谓："由金水桥玉熙宫迤西，曰棂星门，迤北曰经厂，曰大光明殿，曰洗白厂，曰果园厂。"[113]高士奇《金鳌退食笔记》也说："果园厂在棂星门之西"。[114]其后又有清人朱一新《京师访巷志稿》说："西十库胡同，西十库隶属内府，内丁戊三库兼属工部……西十库在西安门内向南。"[115]并在"真如境"提到：

经厂又西曰洗白厂，曰果园厂，曰西安里门。[116]

在清人于中敏等编撰的《日下旧闻考》则指出：

111. [明] 张爵：《京师五城坊巷衙衔集》，北京：古籍出版社，2000 年，第 7—8 页。
112. [明] 刘若愚：《酌中志》，北京：古籍出版社，2000 年，第 141 页。
113. [清] 孙承泽：《天府广记》，中国香港：龙门书店排印本，1968 年，第 50 页。
114. [清] 高士奇：《金鳌退食笔记》，《文渊阁四库全书》册五八八，中国台北：台湾商务印书馆，1986 年，第 425 页。
115. [清] 朱一新：《京师坊巷志稿》，北京：古籍出版社，2000 年，第 45—46 页。
116. 同上，第 46 页。

真如境庙内有隆庆戊辰御用监造厂碑云，本监洗白厂，城熟上用兜罗绒袍。公廨又有隆庆辛未修厂碑。鞘西地名刘銮塑。真武庙中有万历癸巳修洗白厂儣作碑云：初绦作置公廨一区于果园厂前，机作等房俱聚于此，后择果园厂隙地建兹绦作。是洗白厂、果园厂俱在此地无疑。[117]

综合前人各种记述，王世襄推测果园厂在西什库东边，今北京医学院一带；[118] 而李经泽则定其在今若瑟院。[119]可惜果园厂被废多时，世易时移，沧海桑田，已难甄别，今人只得约略其所在。（图3.10）

关于果园厂曾经的辉煌，却能见诸于时人的评介。据说果园厂漆器"以金银锡木为胎，有剔红填漆二种，皆称厂制，世

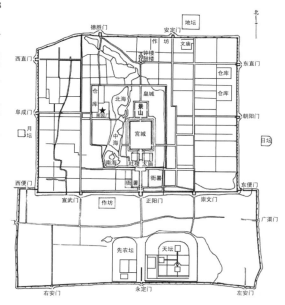

图3.10　明朝果园厂在北京城的位置图

117.　[清] 于中敏等编：《日下旧闻考》，北京：古籍出版社，2000 年，第 657—658 页。

118.　王世襄：《髹饰录解说》，北京：文物出版社，1983 年，第 23 页。

119.　李经泽：《果园厂小考》，《上海文博》，2007 年第 1 期，第 33—39 页。

甚珍贵之。"[120]明人高濂在《遵生八笺》中说道：

> 果园厂制，漆朱三十六遍为足，时用锡胎木胎，雕以细锦者多，然底用黑漆，针刻大明永乐年制款文，似过宋元，宣德时制同永乐，而红则鲜妍过之。[121]

永宣漆器以雕漆为主，其中又以剔红为多。剔红中的细锦地是永宣漆器的重要特点，规律重复的几何形刻线丰富了器皿表面的视觉效果。[122]而宣德漆器其色泽则较永乐时鲜妍。其时剔黑、剔彩、戗金、描金皆有，还有填漆器，也是永宣漆器的代表。高濂在书中说："宣德有填漆器皿，以五彩稠漆堆成花色，磨平如画，似更难制，至败如新。"[123]可谓对永宣漆器推崇备至。这种褒赞到了清初仍在延续，清人高士奇描述永乐时的"厂制"谓：

> 明永乐年制漆器，以金银锡木为胎，有剔红、填漆二种，所制盘盒、文具不一。剔红盒有蔗段、蒸饼、三撞等式。蔗段人物为上，蒸饼花草为次。盘有圆、方、八角、绦环、四角、牡丹瓣式，匣有长、方、二撞、三撞式。其法，朱漆三十六

120. ［清］高士奇：《金鳌退食笔记》，《文渊阁四库全书》第五八八册，中国台北：台湾商务印书馆，1986 年，第 425 页。
121. ［明］高濂：《遵生八笺》，成都：巴蜀书社，1992 年，第 554—558 页。
122. 台北故宫博物院编：《和光剔彩——故宫藏漆》，中国台北：台北故宫博物院，2008 年，第 20 页。
123. ［明］高濂：《遵生八笺》，成都：巴蜀书社，1992 年，第 554—558 页。

次，镂以细锦，底漆黑光，针刻"大明永乐年制"，比元时张成、杨茂剑环香草之式，似为过之。[124]

流传于文人雅士间关于果园厂器的推崇使得具有永宣时代年款的漆器备受藏家青睐。明代漆器上署有纪年款识的仅有八个年号：永乐、宣德、弘治、嘉靖、隆庆、万历、天启、崇祯。[125]款识最多见于永乐、宣德、嘉靖、万历四朝。然而，明人刘侗在其《帝京景物略》中却说：

宣庙青宫时，剔红等制，原经裁定，立后，厂器终不逮前。工屡被罪，因私购内藏盘合，款而进之。故宣款皆永乐器也。[126]

虽今见宣款漆器为明代传世漆器数之最多者，但刘侗所谓宣款皆永器则过于夸张，风格的变化以及质量的下降则可能源于内厂新人的进入，或祸起于其时的廷治风波。[127]但大量宣款漆器的确是早器晚款，因此宣德时厂器终不逮前应是事实。在《金鳌退食笔记》里，高士奇又重复了刘侗的说法：

124.　[清] 高士奇：《金鳌退食笔记》，《文渊阁四库全书》第五八八册，中国台北：台湾商务印书馆，1986年，第425页。

125.　陈丽华：《中国古代漆器款式风格的演变及其对漆器辨伪的重要意义》，《故宫博物院院刊》，2004年第6期，第72—89页。

126.　[明] 刘侗、于奕正：《帝京景物略》，北京：古籍出版社，2000年，第164—165页。

127.　夏更起：《突破传统不断创新的元明漆器》，夏更起主编：《元明漆器》，中国香港：商务印书馆；上海：科学技术出版社，2006年，第22—23页。

宣宗时，厂器终不逮前工，屡被罪，因私购内藏盘盒，磨去永针划细款，刀刻宣德大字，浓金填掩之。故宣款皆永器也，填漆亦如之。[128]

何以至此呢？早在沈德符之时，他就在《万历野获编》中提到："至我国初……滇工布满内府。今御用监，供用库诸役，皆其子孙也。其后渐以消灭。"[129]高濂《遵生八笺》又谓："奈何庸匠网利……悉皆低下，较之往日……今亦无矣，何能得佳。"[130]

宣德以后，果园厂已今非昔比，但内府力量在明中期以后骤涨，皇家漆器生产主要在御用监中得到继续。内官监掌印太监其所属有总理、管理、金书、典簿、掌司众人，写字监工自典簿以下分三班，相当庞大。而每班掌司所管包括油漆作在内的十作。他们同时掌管内府工匠的调配。御用监掌印太监其属有典簿、掌司、写字、监工等。虽然果园厂不存，但丁字库仍在西十库，而库内漆料以备御用监、内官监等处奏准支给，因而宫廷漆作的组织仍在皇城与禁宫之间运作。沈德符谓："本朝武英殿后别有仁智殿……武英殿之东北为思善门，即百官及命妇入临处。凡杂流以技艺进者，俱隶仁智殿，自在文华殿、

128. ［清］高士奇：《金鳌退食笔记》，《文渊阁四库全书》第五八八册，中国台北：台湾商务印书馆，1986 年，第 425 页。

129. ［明］沈德符：《万历野获编》，北京：文化艺术出版社，1998 年，第 708—709 页。

130. ［明］高濂：《遵生八笺》，成都：巴蜀书社，1992 年，第 554—558 页。

武英殿之外。"[131]仁智殿在武英殿之后，同属御用监掌管，也
是各类匠作集中从事创作的场所。刘若愚在《酌中志》中记：
"天启四年，六科廊灾，六年，武英殿西油漆作灾。"[132]这说
明直至明末，内廷漆作很可能就在御用监下仁智、武英、文华
三殿之处，供御用的许多漆艺也就在此加工制作。

　　万历申时行重修《明会典》载："司礼监御作房成造书画
柜匣等项杉木板枋，每年两次，每运六百块，如御用监例。"又
载："成造龙凤床座、顶架每年约灰料银二千八百二十五两。"
又记："雕填剔漆龙床、顶架等项，隆庆元年题准以嘉靖十年为
则，每年约灰银四千一十一两四钱九分。"又："司礼监御作房
成造龙床等项物料三年一次，约灰银一万三百三十一两⋯⋯"[133]
由此可知，嘉、万两朝在漆器制作方面所费不菲。这是晚明皇家
漆器再盛的一个侧面。其时果园厂已衰落，但御用监、司礼监、
内官监中仍有其他漆作继续经营，由是官营漆作此消彼长，今存
明末官府漆器遗物，亦证此一状况。

张德刚

　　永乐帝对明初皇家漆器的支持不只是在礼仪上大量采用漆
器，迁都后建立果园厂；他还收集各方名品，并且召纳名工供
奉内廷，以提升官方漆艺的水准。虽然如此，在永乐一朝能留

131.　[明]沈德符：《万历野获编》，北京：文化艺术出版社，1998年，第265页。
132.　[明]刘若愚：《酌中志》，北京：古籍出版社，2000.年，第149页。
133.　[明]申时行等撰：《明会典》，北京：中华书局，1989年，第1029—1034页。

下名字的漆工确实不多，而其中最为有名的盖非张德刚莫属。关于漆工张德刚，万历《嘉兴府志》有记：

> 张德刚，父成，与同里杨茂具善髹漆。剔红器，永乐中日本、琉球购得，以献于朝。成祖闻而召之，时二人已殁。德刚能继父业，随召之京师，面试称旨，即授营缮所副，复其家。[134]

营缮所副使官从正八品，隶属工部。《明史·职官志》谓："洪武二十五年（1392）置营缮所。改将作司为营缮所，秩正七品，设所正、所副、所丞各二人，以诸匠之精艺者为之。"[135]

虽然八品并非显赫官位，但对于工匠而言，却是不可多得的。明初，洪武帝沿袭前朝实行匠户制。直至永乐时仍强行划籍，以扩大工匠队伍。这些被强行划籍的匠人来源混杂，除了许多非手工业者被强制划入外，还有大量囚匠、军匠等。他们的社会地位极低，除非得到皇帝特许，否则不得脱籍。匠籍须世代承袭，为了便于勾补，还不许分户，身隶匠、军籍不得应试跻身仕流。费里泽（Heinz Friese）曾经研究过工部属下的工匠超登的例子。[136] "但这些个案毕竟是少数。大概是那些缺乏技术知识的文官因不想负责诸如此类工作而委任拥有高超技

134.　[明]刘应钶修，沈尧中等纂：《嘉兴府志》，中国台北：成文出版有限公司，1983年，第1392页。

135.　[清]张廷玉等：《明史》，北京：中华书局，2000年，第1176页。

136.　Heinz Friese, "Zum Aufstieg von Handwerkern ins Beamtentum während der Ming—Zeit"，Oriens Extremus. vol. 7, 1959. S.160-175.

艺与良好关系的工匠来承担这些工作。"[137]事实上，能得到皇命特许超登的工匠少之又少，而且朝廷历来对此又多有争议。工匠受皇命征召，"方恩荫寄禄无常员，多假以锦衣卫衔，以绘技术画工概授武职，经准袭替，其失也滥"。[138]直至嘉靖之时，朝廷才查革了所有宣德年后以技艺乞升职而世袭者。[139]

永乐帝授命张德刚为营缮所副使，正是对张技艺之精湛所作出的肯定。张任职于营缮所，与御用监工匠的归属不同。御用监督的工匠，包括漆工、画工在内，主要集中在内廷，恒侍于皇帝左右，便于皇帝询问艺事。虽然漆工的记录鲜少，但可查明代宫廷画工甚多，著名者如：谢环、边景昭、商喜、孙隆、林良、吕纪、刘俊、王谔、朱端、吴伟、戴进、周鼎等等。他们入职仁智殿，或受锦衣卫衔。"由于当时并无制度以奖赏或擢升画家，因此通常只给予他们纯粹象征性的名衔，尤其是锦衣卫里的军阶，锦衣卫是皇帝的贴身侍卫。"[140]既然是假授的锦衣卫，自然是虚衔而已；至于漆工的具体情况，迄今仍不得知。但是锦衣卫的官阶比营缮所高，因而皇帝对"杂流以技艺进者"的关照再明显不过了。

正是皇帝对入值内廷工匠的重视，御用监下的漆作才一直存在并继续发展。永乐帝在迁都时将都城南京、苏、浙等处

---

137. Wolfram Eberhard, Social Mobility in Traditional China, Leiden: ej Brill, 1962. p. 238.

138. ［清］胡敬：《国朝院画录》，《续修四库全书》一〇八二，上海：古籍出版社，1995 年，第 31—59 页。

139. ［明］申时行等撰：《明会典》，北京：中华书局，1989 年，第 619—623 页。

140. James Cahill, Parting at the Shore: Chinese Painting of the Early and Middle Ming Dynasty, 1368—1580, New York: Weatherhill, 1978. p. 24.

大量工匠带至北京，并设有军民住坐匠役。另外还有大批轮班匠应调入厂。原则上所有官府工匠受工部征调，但内府监局后来日渐庞大，也可调配各类工匠。明人沈德符《万历野获编》云："唐之中世，大理国破成都，尽掳百工以去，由是云南漆织诸艺，甲于天下。唐末，复通中国。至南汉刘氏与之通婚姻，始见滇物。元时下大理，选其工匠最高者入禁中。至我国初，收为郡县，滇工布满内府。今御用监，供用库诸役，皆其子孙也。"[141]

相较于内府监局，果园厂便无此等运气。名工张成乃元时人，其子张德刚被召入营缮所时应该也年事不小了。果园厂在永乐迁都北京时才设置，但没几年后，永乐帝便薨逝于北征途中。有关张德刚的生卒未明，然而《嘉兴府志》又谓："时有包亮，亦与德刚争巧，宣德时，亦召为营缮所副。"[142]可见，张德刚直到宣德时可能还在营缮所任职，名工包亮此时也被召为营缮所副使。关于包亮，则只知他有一件"花鸟漆盘"曾于清代末年被送往万国博览会参展并获得了优等奖。

实际上，果园厂的衰弱并非缺乏像张德刚这样的名漆工，而是缺少像永乐帝这样的赞助人。但更为重要的影响则是来自内府监局的权力膨胀，以及其时漆工征役形势的变化。早在景泰五年（1454），六科给事中林总等便奏称："天下各色轮班人匠，多是灾伤之民，富足者百无一二，艰难者十常八九。

141.　[明]沈德符:《万历野获编》，北京:文化艺术出版社，1998年，第708—709页。
142.　[明]刘应钶修，沈尧中等纂:《嘉兴府志》，中国台北：成文出版有限公司，1983年，第1392页。

及赴京轮班之时，典卖天地子女，揭借钱物、绢布。及至到京，或买嘱作头人等而即时批工放回者，或私下占使而办纳月钱者，甚至无钱使用，与人佣工乞食者。求其着实上工者，百无二三。有当班之名，无当班之实。"[143]轮班匠无偿劳动，受到工官坐头管制盘剥，工匠以怠工、隐冒、逃亡等手段进行反抗，以致朝廷最终不得不在嘉靖四十一年（1562）题准"以银代役法"以适应新的时势。

匠役松绑以后，漆工的生活发生前所未有的变化，各地的漆器产业反而得到促进，不少御用漆器的订制开始下派到地方，由有资质的漆艺制造中心所承制。这种情况一直延续至清代。位于苏州的官府漆器作坊与宫中漆作的制作标准相同、风格一致。这些供应御用的漆器制作不但征役大量手艺非凡的民间漆工，而且用料大多不惜成本，力求精益求精。此时，官方与民间的漆艺制作已渐融合（事实上很难分为官、民两类，因为官方漆厂的工匠本来就源自民间）；各地的漆器制造中心业已成形，数量庞大的漆工群体构筑起其时民间漆业的巨型基础。

四、民间漆工

无论是那些产生"天才"和激发艺术创作的多种多样的个性和气质，还是艺术家在任何特定社会中所起到的作用，都不是在一系列固定的历史条件下产生的。相反，"它们会随着无数的

---

143. [明] 柯潜等纂修：《明英宗实录》，中国台北：台湾"中央"研究院历史语言研究所校印本，1962 年，第 5215 页。

历史条件的变化而变化，而这，只能在有关的历史环境中才能得以理解"。[144]生活于晚明时代的漆工正经历着一些前所未有的变化，关于其艺术创作方面的个性和气质开始显现于时人的评论之中。而这些材料并非有关艺术家生平细节的描述，而是时人与后人的各种评判，其核心是关于"艺术家的传奇故事"。

仇英

在明代有关漆工的故事并非都像黄成或杨明那样贫乏。部分"名工"实际上有着不少记录，尽管相关的材料零散，但仍是其传奇形象得以形成的不可或缺的信息来源。大约较黄成稍早，活动于16世纪之初的画家仇英就是这类传奇故事的代表之一。

有关仇英的生平至今众说纷纭，甚至其具体的生殁年仍然有待考究，[145]只知他生于太仓，约在正德（1506—1521）或更早的时间举家前往苏州。仇英的好友彭年曾题仇氏所绘《职贡图》时云：

> 实父名英，吴人也，少师东村周君臣，尽得其法，尤善临摹，东邨既殁，独步江南者二十年，而今不可后得矣。[146]

---

144. Ernst Kris, Otto Kurz, Legend, Myth, and Magic in the Image of the Artist: A historical Experiment, New Haven and London: Yale University Press, 1979. pp. 2-3.

145. 徐邦达：《历代书画家传记考辨——仇英生卒年岁考订及其它》，上海：人民美术出版社，1983年，第41页。

146. ［明］仇英：《职贡图》，绢本设色，纵29.8厘米、横580.2厘米，故宫博物院藏。

亦即仇英在很小的时候（少小之年，仇可能仍未及十六）就跟随了周臣学画。明茅一相在《绘妙》中说：

> 仇英号十洲，其所出微，常执事丹青，周臣异而教之，于唐宋名人画，无所不摹写，皆有藁本，其临笔能夺真，米襄阳所不足道也。[147]

明人张潮在《虞初新志》中《戴进传》附记：

> （仇英）其初为漆工，兼为人彩绘栋宇，后而从业画。[148]

仇氏在业画之前为漆工。在中国画评家眼里，也许正因为他的出身与所受的教养都无法给他文学或文化方面的熏陶，以致他缺少所谓的"敏锐度"[Sensitivity]。董其昌在《画禅室随笔》中特以仇英为例，以说明画者缺乏创新而受造物所营役：

> 黄子久、沈石田、文征明皆大耋，仇英短命，赵吴兴止六十余，仇与赵，品恪虽不同，皆习老之流。[149]

高居翰（James Cahill）却认为有关仇英欠缺天真特质的说

147. ［明］茅一相：《绘妙》，王云五 主编：《丛书集成初编》，上海：商务印书馆，1936 年，第 1656 册。
148. 转引自刘如芳、Donald E. Brix：《明中叶人物画四家特展：杜董，周臣，唐寅，仇英》，中国台北：台北故宫博物院，2000 年。
149. ［明］董其昌：《画禅室随笔》，济南：山东画报出版社，2007 年，第 70 页。

法有一定道理，而并非偏见。"由于他能让各种风格重现，不免会使人觉得：假设项元汴让仇英研究一些意大利文艺复兴时代的肖像，并且给予仇英所需的用具，以及一两天的时间，让他去熟悉这样的创作媒材，仇英或可应着赞助人的要求，转而以意大利15世纪期间的人物画法，将项元汴画成地道的佛罗伦萨贵族。"[150]

但是，"假如仇英只会临摹他人的画，便不会有今天的盛名"。[151]当然不仅如此。仇绘《秋原猎骑图》诗塘有项墨林孙、声表长题：

　　仇十洲先生画，实赵吴兴后一人，讨论余先大父墨林公帏幕中者三四十年，所览宋元名画，千有余矣，又得性天之授，餐霞吸露，遂为独绝之品，声重南金，流传于外，十有九赝，肉眼遇丹青炫耀，辄遽赞叹，此系未睹真龙之故也。[152]

仇英的艺术才华得以进一步发展的第一个转折是在苏州时遇到了周臣。可能由于惺惺相惜，及见仇天分极高，当时已颇具名声的职业画家周臣便以年少的仇英为徒。王穉登在《吴郡丹青志》便将周、仇同列能品四人之中。清徐沁《明画录》说：

　　（周臣）画山水师陈暹。传其法于宋人中，规摹李、郭、

---

150. James Cahill, Parting at the Shore: Chinese Painting of the Early and Middle Ming Dynasty, 1368—1580, New York: Weatherhill, 1978. p. 202.

151. 同上。

152. [明]仇英:《秋原猎骑图》,绢本设色,纵147.5厘米、横63.5厘米,上海博物馆藏。

马、夏，用笔纯熟，特所谓行家意胜耳。兼人物、古貌其姿。绵密萧散，各极意态。[153]

另外，周臣与唐寅等苏州文人的交往，对仇的影响亦至关重要。正德四年（1509）为桃渚祝寿所合作《玩鹤图》之时，仇已与沈周、文徵明等人相识。正德十二年（1517）文徵明《湘君湘夫人图》上有王穉登题识谓：

少尝侍文太史，谈及此图使仇实父设色，两易纸皆不满意，乃自设之以赠王履吉先生。今更三十年始独观真迹，诚然笔力扛鼎，非仇英辈所得梦见也。[154]

彭年也说，十洲少既见赏于横翁（文徵明）。《秘殿珠林》记：

（明仇英画佛位果图四册）弟子仇英敬绘……文徵明款曰：吾友实父，发大愿力，敬绘华严法界品，证佛位果图。郑重示余，余为标举经义……[155]

在仇英许多传世作品中，有题跋的大多是其圈中文士好

153. [清]徐沁：《明画录》，上海：华东师范大学出版社，2009年，第67页。
154. [明]文徵明：《湘君湘夫人图》，纸本设色，纵100.8厘米、横35.6厘米，故宫博物院藏。
155. [清]张照：《秘殿珠林》，上海：古籍出版社，1991年，第571页。

友所题。包括文徵明、唐寅、祝允明、王守、王宠、文彭、文
嘉、文伯仁、彭年、陈淳、陆治、陆师道、周天球、许初、
张凤翼等。仇英的名声进入当时的文本记述便由此而起，即
周绍明（Joseph P. McDermott）所谓的"社交网络"[social
network]在发挥作用。"作为明代中国的经济与文化中心长江
三角洲一带并没有被大家族严密控制的历史，可以说，相较
于那些以宗族、宗教或政治关系为先的地方，友谊关系的状
态与要求更为适应此地的社交结构。"[156]而且，"这类交谊普
遍受到士绅之流所认可，并且构成了这些'社交网络'的基
础。"[157]

　　仇英与苏州的文人圈子交往，积累了一定的社交资源。同
时，他从部分文人画家那里也旁涉到不少文人艺术情趣。《赤
壁图》《玉洞仙源图》《桃村草堂图》《剑阁图》《松溪论画
图》等传世名作中，其题材内容都融入了浓郁的文人趣味。清
方薰《山静居画论》谓：

　　　　曾见仇实父画孤山高士，王献之移竹及卧雪煎茶诸图，类
　　皆萧疏简远，以意涉笔，置之唐、沈之中，几莫能辨。何尝专
　　事雕缋，世唯所见耳。[158]

156.　Joseph P. McDermott, "Friendship and Its Friends in the Late Ming"，《近世家族与
政治比较历史论文集》，中国台北：台湾"中央"研究院近代史研究所，1992 年，第
67—96 页。

157.　同上，第 92 页。

158.　［清］方薰：《山静居画论》，北京：人民美术出版社，1959 年，第 118 页。

图3.11 《蕉荫结夏图》仇英落款　　　图3.12 明 仇英《蕉荫结夏图》（局部）纸本水墨 纵279.1厘米 横99厘米 中国台北故宫博物院藏

　　被认为仇英最为重要的一幅文人画作《蕉荫结夏图》，历来是文人画中乐此不疲的题材之一。在落款的地方，仇题："仇英戏写"，据说这正是业余的文人画家惯用的一种不承认严肃的绘画目的的潇洒态度。[159]（图3.11、图3.12）

　　在项家的生涯是仇英的艺术与地位发生变化的另一阶段。后世公认为仇英最高杰作的《汉宫春晓》画于1542年以后。画上有项元汴书："子孙永宝，价值两百金"。此时仇英应该已在项

159.　James Cahill, Parting at the Shore: Chinese Painting of the Early and Middle Ming Dynasty, 1368—1580, New York: Weatherhill, 1978. p. 223.

家客居了。项元汴作为明代最重要的私人藏家，家中书画珍品琳琅，仇英入项家后饱览宋元名画，因而茅一相在《绘妙》中说，仇于唐宋名人画，无所不摹写。仇英的临写功力已是世所公认。如张丑《清河书画舫》便谈及仇绘《湖上仙山图》：

> 山石师王维，林木师李成，人物师吴元瑜，设色师赵伯驹，资诸家之长而浑合之，种种臻妙。[160]

吴升在《大观录》中则谈到仇的《玉洞仙源图》：

> 近仿鸥波（赵孟頫），得其轻清之致；远追摩诘，乃多沉着之笔。而人物师李龙眠，尤能须眉变换，殆有古必参，无体不化。[161]

仇英在项家的时间应该很长。我们可以从大量带有项元汴印鉴的仇氏之作中想到。但他并非一直留在项家。彭年在《职贡图》后提到：

> 陈君名官，长州人，与十洲善，馆之山亭，屡易寒暑，不相促迫。[162]

160. ［明］张丑：《清河书画舫》，上海：古籍出版社，2011年，第614页。
161. ［清］吴升：《大观录》，北京：全国图书馆文献缩微复制中心，2001年，第622页。
162. ［明］仇英：《职贡图》，绢本设色，纵29.8厘米、横580.2厘米，故宫博物院藏。

仇绘《桃园仙境图》上也有陈官的印鉴。从"屡易寒暑"可见仇在陈官家也客居了数年之久。从文嘉清点严嵩藏画的《钤山堂书画记》中所记载仇英的部分雇主便有：徐宗成、王献臣、朱子羽、溪隐、景溪、小洛，等等。

事实上，仇英的名声不止在其师友和雇主中流传。文嘉题仇画《玉楼春色图》云：

仇生负俊才，善得丹青理。盛年逐凋落，遗笔空山水。至今艺苑名，清风满人耳。偶见实父此图，不觉生感，乃题数字于上，览者尚当宝之。[163]

仇英身后的大名比生前更盛。据说他传世的作品是明四家中最少的。但他所交往的文人圈对他画作的溢美之词伴随部分精良的作品流传于后世。文嘉谓仇英负俊才，善丹青，艺苑名满人耳。较仇英晚一辈的董其昌在其《画禅室随笔》中说道：

李昭道一派，为赵伯驹、伯骕，精工之极，又有士气，后人仿之者，得其工不能得其雅，若元之丁野夫、钱舜学是，盖五百年而有仇实父，在昔文太史亟相推服，太史于此一家画，不能不损仇氏。[164]

163.　[清] 吴升：《大观录》，北京：全国图书馆文献缩微复制中心，2001 年，第 622 页。

164.　[明] 董其昌：《画禅室随笔》，济南：山东画报出版社，2007 年，第 67 页。

　　仇英的名气到了清代更是有增无减。王时敏《西庐画跋》云："吾吴沈、文、唐、仇以异董文敏，虽用笔各殊，皆刻意师古，实同鼻孔出气。"[165]王鉴在《染香庵跋画》中更说："成弘间，吴中翰墨甲天下，推名家者惟文、沈、仇、唐诸公，为擗前绝后。"[166]明四家油然而生。沈、文、唐的名气是如此之大，仇与其并列，他在中国绘画史上的地位由此被巩固。

　　自明清以降，仇英作为明四家之一代表着明代绘画所获得的重要成就。关于他早年的漆工生活却鲜少人知，而且迄今也仅见张潮所记一条孤证而已。虽然仇英的漆工经历不明，又并非他名声的由来，但他"细谨"的画风在气质上却与精致的漆工艺术追求有着十分相似之处。仇英出身低微后来又名满画史，加上他的生平缺载，使得相关的描述更显"传奇"色彩。这就正如方薰在《山静居画论》所言："仇实父以不能文，在三公间少逊一筹。然天赋不几，六法深诣，同意之作，实可夺伯驹龙眠之席。"[167]有着工匠身世的仇英虽然不能诗文，却天资聪颖，技艺超群，这甚是对一位天生的艺术家最具"魔力形象"[magic image]的巧妙修辞。

165. ［清］王时敏：《西庐画跋》，沈子丞 辑：《历代论画名著汇编》，北京：文物出版社，1982 年，第 289 页。

166. ［清］王鉴：《染香庵跋画》，沈子丞 辑：《历代论画名著汇编》，北京：文物出版社，1982 年，第 295 页。

167. ［清］方薰：《山静居画论》，北京：人民美术出版社，1959 年，第 119 页。

杨埙

有关仇英的传奇故事主要是围绕其画家身份而得到流传，但这已是明中叶以后的情况。关于漆工故事形态的变化其实直至仇英之时仍旧是依附在其他的叙述主题之上。除了前面所讨论到的圣人创物说之外，在明以前的漆工故事还受到"义士传"的诸多影响。例如杨明在《髹饰录》序中便提及后汉漆工申屠蟠，并将之引入到明代的漆工史论述当中。

晋皇甫谧《高士传》云，"申屠蟠字子龙，陈留外黄人也，少有名节。同县缑氏女玉为父报仇，外黄令梁配欲论杀玉。蟠时年十五，为诸生，进谏曰，'玉之节义，足以感无耻之孙，激忍辱之子，不遭明时，尚当表旌庐墓，况在清听，而不加哀矜！'配善其言，乃为谳，得减死论。乡人称之。蟠父母卒，哀毁思慕，不饮酒食肉十余年。遂隐居学治京氏《易》、严氏《春秋》、小戴《礼》，三业先通，因博贯五经，兼明图纬，学无常师。始与济阴王子居同在太学，子居病困，以身托蟠。蟠即步负其丧，至济阴，遇司隶从事于河、巩之间。从事义之，为符传护送蟠，蟠不肯，投传于地而去。事毕，还家。前后凡蒲车特征，皆不就。年七十四，以寿终。"[168]这个故事后来又出现于南朝刘宋范晔的《后汉书》里。[169]

申屠蟠的故事反映出早期的漆工在历史传说中的形象。这种以高人义士的故事与卑微漆工的身份相互映衬来对传奇故事进行描述的传统直至明代仍然在延续。其中最为著名的一个例

168.　[晋] 皇甫谧：《高士传》，北京：中华书局，1985 年，第 111—112 页。
169.　[南朝] 范晔：《后汉书》，长春：吉林人民出版社，1995 年，第 993—995 页。

子是有关漆工杨埙的故事:

天顺间,锦衣卫指挥门达怙宠骄横,凡忤之者,辄嗾觇卒潜致其罪,逮捕拷掠,使无诘证,莫可反异。由是权倾一时,言者结舌。其同僚袁彬质直不屈,乃附以重情,拷掠成狱。内外咸冤之,莫或敢发也。京城有杨埙者,戍伍之余夫也。素不识彬,为之上疏曰:"正统十四年,驾留沙漠,廷臣悉奔散逃生,惟袁彬一人,特校尉耳,乃能保护圣躬,备尝艰苦。及驾还复辟,授职酬劳,公论称快。今者无人奏劾,卒然付狱,考掠备至,罪定而后附律,法司虽知其枉,岂敢辨明。陷彬于死,虽止一夫,但伤公论,人不自安。乞以彬等御前审录,庶得明白,死者无憾,生者亦安。臣本一芥草茅,身无禄秩,见此不平,昧死上言。"遂击登闻鼓以进,仍送卫狱。达因是欲尽去异己者,乃缓埙死,使诬少保吏部尚书华盖大学士李贤指使。埙佯诺之。达遂以闻会三法司,鞫于午门前,埙乃直述,所言皆由己出,于贤无预。达计不行,而彬犹降黜,居第尽毁。未几,英宗升遐。言者劾达罪,举埙事为证。达谪死南丹,彬复旧职,代达总卫事。成化初,修《英宗实录》。称'义士杨埙'云。埙字景和,其先某处人。父为漆工。宣德间,尝遣人至倭国传泥金画漆之法以归,埙遂习之,而自出己见,以五色金钿并施,不止如旧法纯用金也,故物色各称,天真烂然,倭人见之,亦龂指称叹,以为不可及。盖其天资敏悟,于书法诗格不甚习,而往往造妙,故其艺亦绝出古今也。既不避权奸,为此义举,人亦莫敢以一艺目之。有欲授之以官者，不就，遂隐于艺以自高。华亭张弼论曰：义者，无所为而为，合天下之公论者是也。使虽公论，行之以私，则其中已不义矣。若埙者，于彬无恩，于达无隙，又非言官，以图塞责也。特以公论所激，挺身以突虎口，其不死者幸也，勇于行义何如哉！然此公论，具人面目者皆能知之，而高冠长裾，号称科第人物者，乃低佪淟涊，甘为之扫门捧溺，无所不至，而靦然自得，夸噪于人，何利害之移人乃如是其烈耶！闻埙之风，亦可少愧矣！予来京师，国子祭酒乡先生陈汝同曰："埙真义士也，吾欲为之作传。"先生没而传未作，弼故补之。不特为埙计也，庶亦励世之顽无耻者云。[170]

这是明人张弼所写名为《义士杨景和埙传》一文。全文围绕着门达陷害袁彬的事件展开陈述，在文中穿插记载了杨埙的性情、职业、遭遇诸情况，是明代文本中关于漆工杨埙生平事迹最为详尽的记录。

杨埙，字景和，其生殁年不详，约活动于宣德至天顺年间（1426—1464）。文中所说杨埙曾于宣德年间习得泥金漆画之法，而且能够自出己见，其技艺绝古出今。张弼字里行间对杨埙赞誉有加，无论是杨的义薄云天，抑或其手艺高超，张的目的是要以此论其"义者，无所为而为，合天下之公论者是也"

---

170. ［明］张弼《义士杨景和埙传》一卷，东京大学东洋文化研究所汉籍善本资料库·双红堂文库·旧小说戊集第一册，编号 B2192200，张弼《义士杨埙传》原载《东海先生文集》（1519），后又收入慎蒙《皇明文则》（1573）以及焦竑《国朝献征录》（1616）、过庭训《本朝分省人物考》（1622）。

的观点。至于杨之巧手在张的眼里，则是杨埙"天资敏悟……既不避权奸……隐于艺以自高"的证据。

关于杨埙的事迹，又见《明英宗实录》卷三五九"天顺七年十一月丁卯条"：

掌锦衣卫事都指挥佥事门达权势隆赫，同列皆下之，惟都指挥佥事袁彬恃恩，不为之下，遂有隙。彬妾父千户王钦藉彬势诓人财，达廉知之，欲因以倾彬，奏请下彬狱。法司论彬赎徒还职，达犹未快。适有赵安者得罪在鞫，安初为锦衣卫力士，尝役于彬，后谪充铁岭卫军，遇赦还，改府军前卫。达因令安言其改府军也，彬为之请托而得，于是复捕彬拷讯之。因讦彬尝受石亨、曹钦及诸干谒者馈遗，多用官木造私居，索内官督工者甄瓦，夺人子女为妾诸不法事。狱已成，未上。军匠余丁杨埙，素为彬所爱，赴登闻鼓为彬诉屈，语侵达。事闻，并收埙付达。达拷讯之曰："汝岂知为此，必有教汝者。"埙知达意，即指学士李贤以对。先是，贤闻达令校尉察鸿胪寺序班二十余人求索朝觐官财物，尽执下狱，谓达曰："罪一二人足矣。何大多也。且此辈求索不过得银十数两，若锦衣卫官校乃取于人以千万计。"后达又差官校出外访诈校尉，贤谓达曰："校尉得财，故人诈为之。"达因是恶贤，且以其势与已抗，恐其于上前言已过恶，故欲害之。至是得埙言，喜甚，奏请三法司会鞫埙于午门外。上遣中官袭当监鞫，达欲执贤与对。当曰："大臣不可辱，况此小事耶。"埙亦吐实，言达嗾我指贤，于是贤得免执。彬历言达所受赂遗尤多，凡馈彬者，必倍馈达。法司畏达，不敢以彬言闻，论彬赎绞，埙斩。狱上，上特命彬赎毕调南京锦衣卫带俸闲住而禁锢埙。[171]

据张弼所言，可推断《明英宗实录》的记录应为更早，而《实录》的记述很可能就是源自尹直的笔录。[172]在尹直的著作《謇斋琐缀录》中记道：

至天顺七年，锦衣指挥门达，总督官校缉事，兼镇抚问刑，权倾中外，道路以目，人莫敢言。自计得以进言别是非于御前者，惟李阁老贤与袁指挥彬二人而已，谋排去之。乃捃摭数十事，上欲法行，不以彬沮，谕之曰："从汝拿去问，只要一个活袁彬还我。"彬既下狱，考讯苦楚，莫能自白。时有一艺人杨暄，善倭漆画器，号"杨倭漆"者，愤然上疏论救。达欲并中李阁老，逼杨暄供指为李所主使。杨惧拷死于狱，乃诳达曰："此实李所主使，但我言于此，无人证见，不若请会多官廷诘，我对众言之，李无得辞。"达信之。明日，遂遣二官经诣各门，要李出午门听对。时李方自东宫讲退，陈安简、彭纯道乃诘曾得旨否？曰："未也，且暂去一对。"二公沮之。及至多官会问时，杨大言曰："死则我死，我何敢妄指人？我一市井小厮，如何见得阁老？鬼神昭鉴，此实门达我指也。"

171. [明]孙继宗：《明英宗实录》，中国台北：台湾"中央"研究院历史语言研究所校印本，1962年，第7142—7144页。

172. 陈学霖：《漆工杨埙事迹考述》，陈学霖 著：《明代人物与传说》，中国香港：中文大学出版社，1997年，第260页。

达失色，于是彬得从轻调南京锦衣卫带俸，杨亦得免，人义
之。李有从兄任安庆府同知，达又遣校尉往缉之，务欲倾李。
寻以英庙上仙得免，达坐劾谪戍。彬复职，饯送达出城如礼，
亦人之所难也。[173]

　　由此可见张弼的《义士杨埙传》只是对杨埙的性情、职业
作了些许补充，在写作方法与内容编排方面基本上与《明英宗
实录》及《謇斋琐缀录》对袁彬和门达的记载相一致，只是张
的文笔显得更为生动流畅而已。

　　关于"列士传"的编撰，早在汉代之时已经出现。"和
'列女传'一样，'孝子传'或'列士传'的第一个版本也是由
刘向编撰的。但与'列女传'不同（其原作形式已被重构），
我们对东汉时期流传的'列士传'（或'孝子传'）所知甚
少。"[174]"列士传"的传播仍是原来儒家"三纲五常"的道德
伦理展现。"对于兄弟，一个男人须以'悌'为行为准则；对
于朋友，必须显示出'友'；在侍奉主人时，他必须'忠'和
'义'；最后，'仁'这一品行应该是他与世界的一般关系的基
础。"[175]明人为义士作传"往往起到一种社会作用。""写传记
的目的与其说是称颂，不如说是根据流行的道德标准和时代背景

173.　[明]尹直：《謇斋琐缀录》，中国台北：台湾学生书局据台湾图书馆藏明蓝格
抄本影印，1969年，第92—93页。

174.　Wu Hung, The Wu Liang Shrine: The Ideology of Early Chinese Pictorial Art,
Stanford, California: Stanford University Press, 1989. p. 182.

175.　同上；Hsü Dau—lin, "The Myth of the `Five Human Relations' of Confucianism",
Monumenta Serica. 29, 1970: 27-37.

对一个人的生平做出不偏不倚的评价。这种评价可以用评论的形式直接地说出，或者通过将传记分类的方法间接地表达，如孝友、忠义、循吏或良吏、酷吏等等。"[176]

有关杨埙的故事其时正在被微妙地改动。在明代笔记作家王锜的《寓圃杂记》里，杨埙的漆工身份被放置在段首作描述：

杨埙，景和者，北京人，善彩漆之艺，亦智谋士也。天顺间，锦衣指挥门达擅生杀之权，多陷害人。同时袁彬指挥者，随英宗北狩，有扈跸功，为达所间，久在散地。宪宗初立，达恐其逼己，令逻卒发其阴私，欲置之死地，埙素不识彬，因抱不平之气，为彬诉屈，遂奏达违法二十余事。奏入，上方与太监裴落击球，遽令达逮问埙，至其廨，达陈诸淫刑恐埙，埙神色不变，佯若无所与者，达历询其事，皆曰不知，且曰："埙素系贱工，不识书字，又与君侯素无雠怨，何得为此？望君侯不善，固为此本，使埙抱进，亦不知所言何事。"达喜得其情，方饭至，因以酒肉赏其直。达早朝，因复奏，上命中官押诸大臣会问于午门之前，方引埙至，达欣然谓贤曰："此皆先生所命，彼与我无干也。"贤方惊讶，埙即曰："此达以酒肉赐埙，使埙言如此，当有某某见。"即指斥所奏达二十余条，略无余蕴。监押官与诸大臣皆曰："达不得辞其罪矣。"录词以进，上命法官正达罪，得免死，谪戍广西以死。埙得脱，袁复宠任如故。京师人多能道其

176.　Frederick W. Mote, Denis Twitchett, eds. The Cambridge History of China. Volume 7, The Ming Dynasty, 1368–1644. Cambridge University Press, 1988. p. 762.

事。后暄至俞钦玉家，余亦见之。[177]

　　陈学霖认为："传中塥名作'暄'恐系误刻，又以塥为北京人，当因其时已著籍于京师之故。[In some Ming accounts, Yang Hsüan's given name is erroneously written as 暄 or 瑄, hence easily confusing him with two contemporary scholar—officials who had the same name Yang Hsüan but with their given names variably written as 瑄 or 宣.]"[178]

　　到了明人郎英笔下，在其《七修类稿》中关于杨塥的写作更加深了这种倾向：

　　天顺间，有杨塥者，精明漆理，各色俱可合，而于倭漆尤妙，其漂霞山水人物，神气飞动，真描写之不如，愈久愈鲜也，世号杨倭漆。所制器皿亦珍贵，近时绝少，人惟知其绝艺，不知有士人之不如者。天顺七年，锦衣指挥门达，朝廷委以缉事，理北镇抚司事，权倾中外。意惟李阁老贤、袁指挥彬，尝得进言上前，"去之惟吾而已"。于是捃摭袁之数事奏之，遂拿袁彬下狱，考讯苦楚，莫能自白。时塥愤然曰："朝廷设科道，欲其理冤辅政，于此不言，可乎？"独上疏论救，达并擒杨下狱，且逼其供为李阁老所嗾，杨惧考死于狱，乃

177.　[明] 王锜：《寓圃杂记》，北京：中华书局，1984 年，第 55—56 页。
178.　陈学霖：《漆工杨塥事迹考述》，陈学霖 著：《明代人物与传说》，中国香港：中文大学出版社，1997 年，第 262 页；Luther Carrington Goodrich, Chao—ying Fang, ed. Dictionary of Ming biography, 1368—1644. Columbia University Press, 1976. p. 1510.

诳达曰："此实李教我。但于此招实无证见，不若会请多官廷鞫，待我言之，庶使李无辞矣。"明日，达如其言奏，上会众邀李出阁，于午门前听对，杨既环视左右，大言曰："死则我死，我何敢妄指人！我市井小人，如何得见李阁老，实是门达教我也。"达失色无言。无是李尤见重于上，袁得从轻，杨亦免下狱矣。呜呼！此与张说之证元忠不殊，说何人哉！埙何人哉！视当时科道何如哉！是可以一艺者目哉！此可见古人一艺成名者，亦由聪明人品之所致，岂近时工作者同哉！[179]

在郎英的这段陈述中，我们可以发现他与张弼的写作顺序正好倒过来。不但将杨的漆工职业放在段首作介绍，而且将记述杨埙义事的重点转移至其"聪明人品"方面，并以此来说明杨埙能"一艺成名"的原因所在。这说明关于杨埙的记录，在张弼之后已经发生变化，他的义气之举成为赞颂一位卑微漆工的材料。因而，郎英称杨埙之漆艺"世号杨倭漆，所制器皿亦珍贵，近时绝少"，说的便是杨埙制漆声名远播，而关于其义举，则"人惟知其绝艺，不知有士人之不如者"。

到了明末，在刘侗与于奕正所编撰的《帝京景物略》里便将杨埙之漆艺归入"倭漆条"下：

倭漆，国初至者，工与宋倭器等。胎轻漆滑，铅钤口，金

---

179. ［明］郎英：《七修类稿》，《续修四库全书》册一二三，上海：古籍出版社，2002 年，第 315 页。

银片，漆中金屑，砂砂粒粒，无少浑暗(有圆三五七九子合，有方四六九子匣，其小合匣，重止三分，有三撞合，有粉扇笔等匣，有木铫，有角盉，以方长可贮印者贵，香合次之，大可容梳具为最，然不恒有)。中国尽其技者，称蒋制倭漆与潘铸倭铜，然倭用碎金入漆，磨漆金现，其颗屑圆棱，故分明也。蒋用飞金片点，褊薄模糊耳。正统中，杨埙之描漆，汪家之彩漆（设色如画，用粉入漆，久乃如雪，或曰真珠粉也）。[180]

《帝京景物略》以描述明代北京城中各种风景名胜与风俗民情为重点，文中特别提到了所谓"杨倭漆"。其描述与高濂在其《燕闲清赏笺》中的相关记述手法如出一辙：

国初有杨埙描漆、汪家彩漆，技亦称善。余家藏有一二物件，真胜他器。漆描用粉，数年必黑。而杨画《和靖观梅图》屏，以断纹，而梅花点点如雪，其用色之妙可知。[181]

撇开杨的义事不谈，以其漆工专业为核心展开更为详尽的描述，见汪玉珂成书于崇祯时代的《珊瑚网》所记：

乃国初杨萱，以髹笔妙绘染，凡屏风器具上，山水、人物、花鸟，无不精绝，即古来名画手，莫能过也。天启初，京

---

180. [明] 刘侗、于奕正：《帝京景物略》，上海：古籍出版社，2001年，第240—241页。
181. [明] 高濂：《燕闲清赏笺》，成都：巴蜀书社，1992年，第555页。

师人家，有彩漆酒盘四十面，是萱所描，沿边多损剥。鬻古者贾老售得，因揭裱成册页，如肃字之移壁作斋也，亦奇矣。盖萱能执艺事以谏，至廷讯不扰，其人故自超。此虽游方之内，要与游方之外，同一化人妙用耳。[182]

汪玉珂在这里基本上只谈及杨埙的艺事，至于杨的义事只是寥寥数语，并谓杨能"执艺事以谏，至廷讯不扰，其人故自超"，反而以杨的义气之事来说明其技艺之高超。

韩昂在《图绘宝鉴续纂》中甚至对杨埙的义事只字未提，仅记录其艺事之佳巧：

杨埙字景和，善以彩色漆作屏风器物，极其精巧，皆以泥书题于上由，其能书画也。[183]

张岱在其《夜航船·宝玩》中也未提及杨之义事，仅谓：

漆器之妙，无过日本。宣德皇帝差杨往日本教习数年，精其技艺。故宣德漆器比日本等精。[184]

杨即杨埙。张岱在此说到杨埙曾到日本教习一事，后来邓

182. ［明］汪玉珂：《珊瑚网》，《景印文渊阁四库全书》册八一八，中国台北：商务印书馆，1986 年，第 274—288 页。
183. ［明］韩昂：《图绘宝鉴续纂》（图绘宝鉴〈附补遗〉卷六），北京：中华书局，1985 年，第 97 页。
184. ［明］张岱：《夜航船》（卷十二·宝玩），成都：四川出版集团，四川文艺出版社，2002 年，第 284 页。

之诚《骨董锁记》又重蹈了这一说法：

> 宣德间有杨埙者，精明漆理，各色俱可合，奉命往日本学制漆器画，其缥霞山水人物，神气飞动，愈久愈鲜，号洋倭漆。[185]

但实际上，杨埙是否至日本精其技艺在此前一直未有确切记录。在张岱以后邓之诚以前均未提及。例如明末徐沁在《明画录·汇纪》中所记杨埙则又重复了韩昂的记录：

> 杨埙，字景和，善以彩漆制屏风器物，备极精巧，以泥金题其上。书画俱佳。[186]

而康乾时姚之骃的《元明事类钞》亦没有述及杨埙曾到日本习艺之事：

> 义士杨埙为漆工，宣德间尝遣人至倭国传泥金画漆之法以归，埙习之，更出己意，以为五色金钿，并施物色名称，倭人见之，亦龋指称叹。盖其天资敏妙，一艺亦绝古今也。[187]

这又与明代文学家陈霆在《两山墨谈》中所说的颇为类似：

---

185. ［清］邓之诚：《骨董锁记》，中国台北：大立出版社，1985 年，第 168 页。
186. ［明］徐沁：《明画录》，北京：中华书局，1985 年，第 84 页。
187. ［清］姚之骃：《元明事类钞》，《景印文渊阁四库全书》册八一八，中国台北：商务印书馆，1986 年，第 237 页。

近世泥金漆画之法本出于倭国。宣德间尝遣漆工杨某至倭国，传其法以归。杨之子埙遂习之，又能自出新意，以五色金钿并施。倭人来中国见之，亦齰指称叹，以为虽其国创法，然不能臻其妙也。[188]

纵而观之，这些记述中的细节其实都在灵活变动，但它的核心焦点仍然没变：一方面是杨埙作为漆工的身世，另一方面则是杨埙作为义士的气质。明代关于漆工生平的记载，杨埙可算是众者之最了。最初，杨埙事迹得以广为流传皆因其义举所致，漆工的出身只是映衬其义举难能可贵之需罢了。但到了明中叶以后，有关鉴藏玩好的书籍涌现，杨埙作为名漆工也时有被述及。到后来，其名工品质甚至被作为描述的重点。然而，这些记载都是附属物，仅是好玩之人附庸风雅之词。在主流的记述中，杨埙仍是以义士的身份被颂扬。在清代所编撰的《明史》里，"列传五五"及"列传一九五"分别述及了杨埙：

时门达恃帝宠，势倾朝野。廷臣多下之，彬独不为屈。达诬以罪，请逮治。帝欲法行，语之曰："任汝往治，但以活袁彬还我。"达遂锻炼成狱。赖漆工杨埙讼冤，狱得解。然犹调南京锦衣卫，带俸闲住。[189]

---

188. ［明］陈霆：《两山墨谈》，北京：中华书局，1985 年。

189. ［清］张廷玉 等编：《明史》，长春：吉林人民出版社，1995 年，第 3047—3048 页。

达坐安改补府军由彬请托故，乃复捕彬，搒掠，诬彬受石亨、曹钦贿，用官木为私第，索内官督工者砖瓦，夺人子女为妾诸罪名。军匠杨埙不平，击登闻鼓为彬讼冤，语侵达，诏并下达治。当是时，达害大学士李贤宠，又数规己，尝谮于帝，言贤受陆瑜金，酬以尚书。帝疑之，不下诏者半载。至是，拷掠埙，教以引贤，埙即谬曰："此李学士导我也。"达大喜，立奏闻，请法司会鞫埙午门外。帝遣中官裴当监视。达欲执贤并讯，当曰："大臣不可辱。"乃止。及讯，埙曰："吾小人，何由见李学士，此门锦衣教我。"达色沮不能言，彬亦历数达纳贿状，法司畏达不敢闻，坐彬绞输赎，埙斩。帝命彬赎毕调南京锦衣，而禁锢埙。[190]

这几乎是原来《明英宗实录》所记载的翻版。"这些后来的列传在很大程度上必须倚赖较早的'社会传记'，即使在能将'行状'与高级官员和负责编撰的官员可以利用的官方档案相核对时，也是这样。作为一个整体，传记著作在形式和内容上比较受到传统限制的约束。"[191]实际上，到了明末，虽然有关杨埙手艺的记述渐增，但同时关于其义事的记载则更多。从更早时候黄瑜所写就的《双槐岁钞》、唐枢的《国琛集》，到王世贞的《锦衣志》、冯梦龙的《智囊补》、谈迁的《国榷》等等，所言及杨埙之义举仍是主角。

190.　同上，第 5169—5170 页。

191.　Frederick W. Mote, Denis Twitchett, eds. The Cambridge History of China. Volume 7, The Ming Dynasty, 1368–1644, Cambridge University Press, 1988. p. 762.

谈迁的《国榷》在卷三三"英宗天顺七年"有关袁彬、门达、杨埙的内容之后，并述及：

黄瑜曰，石亭欲陷徐有贞，得马士权不屈而免。门达欲陷李贤。以杨埙不屈而免。世曷尝无义士哉。主使之风，今犹袭用之。岂成宪然哉。贤之不为有贞，特天幸耳。张弼曰，埙于彬无恩，于达无隙，又非言官以图塞责也。特公论所激。挺身以突虎口，其不死者幸也。勇于行义者何如哉。然此公论。具人面目者，皆能知之。而高冠长裾，称科第人物者，乃低回澳忍，甘为之扫门捧溺。无所不至，而靦靦然自得。诗諜于人。何利害之移人乃如是其烈耶。闻埙之风，亦可少媿矣。冯时可曰，嗟乎，埙以一卒，抗议螭头。摘大憝，伸大冤，奇节哉。事已则由由安安，神字自如，若日用饮食而知为义德也。却千金，辞一官，岂曰徼名，其中博大，不可量矣。[192]

由此清晰可见杨埙义事被辗转相传，成为古代谈论义气之事的重要案例。许多大大小小的明代传记汇编，通常只不过是编辑观点不同而已，而在内容上却很少有什么重大区别。义事中所记杨埙身份卑微，其目的是向不同阶层的观众传递大义无分贵贱、宣扬义气为先的古典道德伦理规范。崔铣在《洹词》中说"锦衣羡军杨埙忽傲住彬屋而市其居"[193]，黄瑜在《双槐

---

192. ［明］谈迁：《国榷》，北京：中华书局，1958年，第2157—2158页。
193. ［明］李鹗翀 编：《洹词记事抄》，《四库全书存目丛书》册一四三，济南：齐鲁书社，1995年。

岁钞》中则称杨埙为"彩漆军匠"[194]，而唐枢在《国琛集》中称其为"京卫余丁卒"[195]，王世贞《锦衣志》名之为"漆工尚方"[196]，冯梦龙《智囊补》称之为"艺人杨暄"[197]，所谓"漆工""艺人"也只不过是以此来形容工匠低下的地位吧。具有身份地位之人对大义似乎理所当然首当其冲，然而关于漆工举大义事的情节而言，因其效果十足，遂被传为佳话，并长盛不衰。难怪名剧《双龙佩》在演绎袁彬这段奇情故事之时，杨埙这小人物穿插其中，画龙点睛，不可或缺。

千里

虽然关于杨埙故事的流传重点在其品格，但明晚期的文献记述却表明当时对于其艺术品质的关注，有时甚至被作为描述的重点。相较于作为画家的仇英与作为义士的杨埙，明末出现的一位名为"千里"的工匠则反映出其时漆工的造诣已然成为他人进行记载的要旨。

有关漆工千里的材料，相较于仇英及杨埙显得更为纯粹。千里不但有着零碎却主要是以其漆艺为焦点的文本描述流传，更为重要的是，他还有着一批精巧的作品被保留至今。这让我们得以将文本记录与实物进行相互比照，以了解到在明末之时，他的漆艺制作与时人审美趣味更为实际的情况。

194.　[明]黄瑜：《双槐岁钞》，北京：中华书局，1985年，第100—101页。
195.　[明]唐枢：《国琛集》，北京：中华书局，1985年，第167页。
196.　[明]王世贞：《锦衣志》，北京：中华书局，1985年，第15—16页。
197.　[明]冯梦龙：《智囊全集》，北京：中华书局，2007年，第409页。

　　关于漆工千里的出身，一如仇英和杨埙，皆不明确，甚至连他的姓氏，也颇具疑惑。屈志仁在多年前就对此提出过疑问，对"千里之生平及年代，至今仍知之甚少，甚至对其姓氏仍有不确定处。署款通常只是其名'千里'，而却有几个与其相关之姓氏，读音均为Jiang"。[198]记作"江"的文本，见《扬州府志》载：

　　康熙初，维扬有士人查二瞻，工平远山水及米家画，人得寸纸尺缣为重。又有江秋水者，以螺钿嵌器皿最为精工细巧，席间无不用之。时有一联云：杯盘处处江秋水，卷轴家家查二瞻。[199]

　　这里说千里（秋水）姓"江"，并且暗示出他与明末清初画家查士标活动的时间相仿。[200]另外，与同为明末人的王士祯在其《池北偶谈》中提到：

　　近日一技之长，如雕竹则濮仲谦，螺甸则姜千里，嘉兴铜器则张鸣岐，宜兴壶则时大彬，浮梁流霞盏则吴十九，江宁扇则伊莘野、仰侍川，装潢书画则庄希叔，皆知名海内。[201]

198.　James C. Y. Watt, Barbara Brennan, Ford East Asian Lacquer: Florence & Herbert Irving Collection, New York: The Metropolitan Museum of Art, 1991. p. 140.

199.　[清] 阿克当阿修、姚文田：《扬州府志》，南京：江苏古籍出版社，1991 年，第 627 页。

200.　Peter Y.K. Lam ed. 2000 Years of Chinese Lacquer Art, Hong Kong: Oriental Ceramic Society of Hong Kong and Art Gallery, the Chinese University of Hong Kong, 1993. p. 182.

201.　[明] 王士祯：《池北偶谈》，北京：中华书局，1982 年，第 404 页。

图3.13 明 "姜"千里款螺钿嵌山荫逐鹿图圆盒盖

图3.14 明 "姜"千里款螺钿嵌山荫逐鹿图圆盒 直径11.5厘米 纽约古玩商莱斯利旧藏

图3.15 螺钿嵌山荫逐鹿图圆盒 "姜"千里款

王士祯的记录佐证了千里为明季末年之人，却将其姓氏记作"姜"。对此，常罡新近发文，以2011年在美国芝加哥莱斯利·赫因德曼（Leslie Hindman Auctioneers in Chicago）拍卖行秋季亚洲艺术品拍卖会上出现的一件"姜千里款漆奁"为据，讨论了原"江千里"系误传，并且进一步认为王士祯所记"姜千里"才正确。[202]（图3.13、图3.14、图3.15）

202.　常罡：《"姜千里"抑或"江千里"？——由美国拍卖"姜千里造"款圆盒引发的考辨》，《收藏》，2012年第7期，第154—157页。

分辨清楚是"江千里"抑或"姜千里"可以帮助辨别一些传说是千里所作的漆器真伪，但这也只是对那些带千里姓氏款的漆器才有效；相传是漆工千里所制作的漆器常常款名就只有"千里"二字，于是对千里款的古漆器作鉴定时又只能回到风格学上去了。但是漆器的款铭太简，要对漆工千里的处境作进一步的了解，还必须依赖相关文本的记载与之相互说明。

从王士祯谓"近日一技之长"而"螺甸则姜千里"，可见在明末之时，漆工千里的螺钿技艺已为时人所传颂。位于北京的中国国家博物馆保存着一件"千里款黑漆嵌螺钿花鸟纹执壶"。壶盖表面以薄螺钿镶嵌缠枝莲花纹，盖钮上嵌梅花纹样。壶身四面分成上下画面，各以珊瑚、玛瑙、绿松石、厚螺钿镶嵌成各式花鸟图像。壶柄与流皆以螺钿片嵌成六角形纹样。壶底圈足内有螺钿嵌"千里"款。这件执壶造型优美，设计别致，堪称是今见晚明时代螺钿漆器的上乘之作，也是漆工千里的传世品中，螺钿与硬石镶嵌相互结合的典型例子。

王士祯在谈到"螺甸则姜千里"之后，又补充道："所谓虽小道，必有可观者欤？"[203]意谓漆工千里的小件制作十分精巧。河北省正定县文管所藏有一套五件"千里款黑漆嵌螺钿仕女屏"，全为插屏设计，杉木胎、外裱布刮灰，黑漆地，一面是仕女图，背面是题画诗。画中仕女姿态各异，细眉柳目、叠髻簪花、身着华服、神态优雅。诗的内容则附庸风雅，婉吟宫中佳丽。这五扇插屏画各为独立，但设计风格及制作手法一

---

203. [明]王士祯:《池北偶谈》，北京：中华书局，1982年，第404页。

图3.16 明 千里款黑漆嵌螺钿游园仕女图圆盘 直径12.3厘米 高1.1厘米 扬州博物馆藏

图3.17 明 千里款黑漆嵌螺钿游园仕女图圆盘 直径12.3厘米 高1.1厘米 扬州博物馆藏

图3.18 明 千里款黑漆嵌螺钿游园仕女图圆盘 直径12.7厘米 高1.1厘米 安徽省博物馆藏

图3.19 明 千里款黑漆嵌螺钿游园仕女图圆盘 直径12.7厘米 高1.1厘米 安徽省博物馆藏

图3.20 明 千里款黑漆嵌螺钿游园仕女图圆盘 直径12.7厘米 高1.1厘米 安徽省博物馆藏

图3.21 明 千里款黑漆嵌螺钿才子游园图圆盘 安徽省博物馆藏

图3.22 明 千里款黑漆嵌螺钿《西厢记》图圆盘 直径12.3厘米 高1厘米 北京故宫博物院藏

图3.23 明 千里款黑漆嵌螺钿《西厢记》图圆盘 直径12.5厘米 高1.3厘米 香港抱一斋藏

图3.24 明 千里款黑漆嵌螺钿《西厢记》图圆盘 直径12.3厘米 高1厘米 北京故宫博物院藏

图3.25 明 千里款黑漆嵌螺钿《西厢记》图圆盘 直径12.3厘米 高1厘米 北京故宫博物院藏

图3.26 明 千里款黑漆嵌螺钿《西厢记》图圆盘 直径12.4厘米 高1.2厘米 南京博物院藏

图3.27 明 千里款黑漆嵌螺钿《西厢记》图圆盘 直径12.3厘米 高1厘米 北京故宫博物院藏

致。每扇题画诗后皆有一篆书方形印，以螺钿嵌成"千里"二字。今传为漆工千里所作的一众螺钿器大多是小型制作。然而大部分这些螺钿器上的图案、图形设计都十分精致而优美，其工艺基础则完全得益自当时软螺钿技术的发展。

明代所采用的软螺钿既薄且精，应该是煮贝法得到推广的结果。煮贝法将贝壳浸泡多日，经加热烹煮，贝壳的珍珠层软化剥落，所得贝片极薄。据黄成《髹饰录》所记，则是将所得贝片切割出各种形状作为装饰配件，再根据不同的设计拼合成各种图案纹饰。今见千里款众多以仕女人物为主题的螺钿漆器均以此法制作。扬州博物馆藏有两件"千里款黑漆嵌螺钿仕女图圆盘"（图3.16、图3.17）；安徽省博物馆藏有四件同类的圆漆盘（图3.18、图3.19、图3.20、图3.21）。前两件作品的画面皆是一仕女悠游于花园之中，一件中有丫鬟，另一件中则只有仕女独游。后四件中有两件描绘一仕女有丫鬟相伴夜游花园，还有一件描绘书生在花树之下，树前一仕女正在阅读。其情节仿佛就是汤显祖所作《牡丹亭》中的"游园""惊梦"之形象写照，因而这些作品后来多被认为是漆工千里喜作才子佳人故事题材的佐证，特别是取材自《牡丹亭》及王实甫的《西厢记》图像的装饰主题。[204]

仅凭这类"游园仕女"题材的图像其实不好确认他们的出处便是《牡丹亭》。反而是藏于北京故宫博物院的四件尺寸相仿的"千里款黑漆嵌螺钿仕女图圆盘"上，可以看到一系列应该便是《西厢记》剧情的描绘（图3.22、图3.23、图3.24、

204.　何立芳：《螺钿显绝艺——江千里四件作品赏析》，《文物鉴定与鉴赏》，2011年第9期，第64—66页。

图3.25）。这四件漆盘之中一件描绘庭院内一仕女正嘱咐送信的丫鬟，一件描绘庭院里一仕女正在叩门而丫鬟在门外守候，一件描绘一位夫人正在拷问丫鬟，一件描绘一仕女正挥笔写信，这些画面正好应对了《西厢记》中"探病""佳期""拷红""回柬"四折。[205]

故事未完，这四件漆盘似乎只是同一个系列中的一部分而已。南京博物院藏有一件"千里款黑漆嵌螺钿西厢记图圆盘"（图3.26），盘上的图画描绘着一位书生正在对窗鼓琴，一位仕女正偕丫鬟在园中倾听，这正与《西厢记》中的"琴心"一折相应。另外，香港的抱一斋藏有一件"千里款螺钿人物纹圆碟"（图3.27），画中房内仕女正在读信，丫鬟伺候一旁，书童正伫候于屋外，此正仿佛"酬柬"一折。然而，后面这两件漆盘的尺寸及边饰设计与前四件迥然有别，这表明它们并非是同一套漆盘所出，也就是说，以《西厢记》为"插图"的漆盘制作在当时并非稀罕，而是形形色色，琳琅满目。

在明末时期，《西厢记》作为戏剧文学大为流行，关于这个剧作的明代版本多达六十余种，其中配插图的本子就有三十个之多。这些书籍插图可能随着故事的风行而被移植至漆器、瓷器等工艺品之上。[206]由闵齐伋刊印于明崇祯十三年（1640）的彩色套印本《西厢记》插图生动地表明当时的画家对"著名戏剧插图被

---

205. 杨海涛：《杯盘处处江秋水——赏江千里的螺钿〈西厢记〉漆盘》，《文物鉴定与鉴赏》，2011 年第 12 期，第 62—63 页。

206. 马孟晶：《耳目之玩——从〈西厢记〉版画插图论晚明出版文化对视觉性之关注》，颜娟英 主编：《美术与考古》，北京：中国大百科全书出版社，2005 年，第 638—676 页。

装饰于瓷器和其他类型器具上（的现象）的回应"。[207]带有《西厢记》之类插图的装饰似乎是当时的漆器、陶瓷等工艺品极为常见的做法，并且"有着非常广阔的市场"。[208]

　　这些装饰有《西厢记》图像的螺钿漆盘的消费者是谁呢？关于才子佳人的图像装饰，如果仅是从画面的内容题材对号入座，是否仅就针对文人雅士阶层的日用而出现的呢？如此想来似乎过于表面化了。如果考虑到主要是物品的用途与使用场合之间的关系的话，《西厢记》插图的漆盘流通的范围就可能会变得更为广泛。但是，像《西厢记》这样的插图装饰在不同工艺品上的运用，其所指向的意义应该也是多种多样的。对于这类漆器使用者的认识，他们如何得到以及如何利用这些漆器，成为了解这类插图在漆器上流传的真正意义所在。

　　髹饰的杯盘碗碟在瓷器流行以前一直是古代中国高级餐具的重要类型。而在明代，雅玩、清赏的概念早已在精英阶层盛行，许多被收作鉴藏的古董食器或高贵的食具成为珍玩一类而不再落于日用，拥有或使用装饰华美的螺钿漆器成为时人显示其身份的外在体现。清人朱琰曾在《陶说》里说：

近代一技之工如陆子刚治玉、吕爱山治金、朱碧山治银、

207.　Wu Hung, The Double Screen: Medium and Representation in Chinese Painting, London: Reaktion Books, 1996. p. 223. Craig Clunas, "The West Chamber: A Literary Theme in Chinese Porcelain Decoration", Transactions of the Oriental Ceramic Society, vol. 46, 1981-1982. London, 1983: 69-86.
208.　Craig Clunas, Pictures and Visuality in Early Modern China, London: Reaktion, 1997. p. 56.

鲍天成治犀、赵良璧治锡、王小溪治玛瑙、蒋抱云治铜、濮仲谦雕竹、姜千里螺甸、杨埙倭漆。[209]

　　当中所提及的各种工艺制品大多并非一般人所能拥有。所谓"近代一技之工",即当时最为有名的工匠,很明显,直至清代中叶,漆工千里在螺钿器方面的名望依然为时人所称颂,仍然是鉴藏家们争相搜罗的宝货之一。

　　自宋元以降,精美的螺钿漆器制作一直是耗工费时之举,其价值不菲。即使在明代,各种不同类型和花式的螺钿镶嵌漆器大兴,但都不仅仅是作为一般用途的器皿流通于市场。这些精雕细琢的螺钿漆器对于拥有者而言,其功用在礼仪象征方面高于其他。明人王佐《新增格古要论》中论及螺钿漆器曰:"元朝时,富家不限年月做,漆坚而人物细可爱。……诸大家新作,果合、简牌、胡椅亦不减其旧者。"[210]高贵的螺钿器具在官绅富户的交际中被使用,在其中发挥着维系同一阶层共同的价值观念的作用,其意义在于标榜主人的品位以及社会地位。[211]

　　《西厢记》插图的流行与其时人们的娱乐及时尚生活息息相关。昂贵的螺钿漆器装饰在其时的潮流娱乐与时尚趣味相互合流之下,缔造出当时日用器皿中的最为奢侈的类型。明末人方以智在《物理小识》中言及:"螺钿用金银粒杂蚌片成花者,皆绝。

209.　[清]朱琰 著:《陶说》,北京:中国轻工业出版社,1984年,第5页。
210.　[明]曹昭、王佐:《新增格古要论》,杭州:浙江人民出版社,2011年,第258—259页。
211.　Craig Clunas, "Furnishing the Self in Early Modern China", in Beyond the Screen: Chinese Furniture of the 16th and 17th Centuries. Boston: Museum of Fine Arts, 1996. pp. 21-35.

古未有此。"[212]即黄成在《髹饰录》中所谓："嵌金间螺钿，片嵌金花细填螺锦者。"[213]此类漆器，其表面以金片及螺钿镶嵌成规整的菱形几何花纹，髹饰工艺精湛，效果富丽华美。

　　漆工千里的螺钿器由于流行与时尚的推波助澜，加上名工巧制而成为一时无两的名品，因而争相追捧，仿效者众。清人阮葵生《茶余客话》谓：

　　千里治嵌漆……皆名闻朝野，信今后传无疑也。[214]

　　蔡寒琼《牟轩边琐》云：

　　以砂壶制胎，外嵌螺钿，稀世之珍也。……外黑漆嵌螺钿，流与把两面作折枝花，分布螺钿，深碧浅红之色，作花叶，备极巧思。左右两面嵌人物，似是《玉簪记》"偷诗""茶宴"两故事。几案屏帏，文房珍玩，亦分选螺色配成。壶盖作汉方镜花纹，尤为古雅。把上刻"妙慧庵"小篆三字，娟秀可爱，底钤"江千里"小楷瘦金书印，当为千里构思定制。[215]

　　由此可见，漆工千里的工艺创作对清代螺钿漆器在制作方面

212.　[明]方以智：《物理小识》，《景印文渊阁四库全书》册八六一，中国台北：商务印书馆，1986年，第912—913页。
213.　[明]黄成：《髹饰录》，杨成注，日本兼葭堂藏抄本，第67页。
214.　[清]阮葵生：《茶余客话》，北京：中华书局，1985年，第81—82页。
215.　转引自鲍建南：《漫话宜兴紫砂装饰》，《壶论》，北京：中国文联出版社，2007年，第44—52页。

图3.28 明 千里式黑漆嵌螺钿云龙纹长方盒 高7.2厘米
长12.6厘米 宽9.4厘米 北京故宫博物院藏　　图3.29 千里式黑漆嵌螺钿云龙纹长方盒盖

影响巨大。不但他的装饰技术被推崇备至，甚至明末流行于其螺钿器上的故事人物题材也在清代螺钿器设计领域得到延续。

　　北京故宫藏有一件"千里式嵌螺钿云龙纹黑漆盒"（图3.28、图3.29）。盒身以软螺钿镶嵌腾龙与流云纹样，盒的四面各嵌一龙，造型各异，盒底则是由火焰、海螺、花卉图案所装饰，盒盖上以螺钿嵌出隶书铭文："式如金，式如玉。君子乾乾，慎守吾楗，不告而孚，不严而肃。及其相视，若合符竹。西白铭。"另有篆书"长春堂""星赍"印，盒盖内则嵌有"江千里式"款。所谓"式"，即此盒是后世所沿制之意。许多追摹仿作漆工千里制作的螺钿器为借其名品效应而基本上不作说明，大概像故宫所藏的螺钿云龙纹漆盒那样直接表明是沿制之作的作品只有在宫中本身亦是名匠，身受皇命的漆工那里才会不作任何掩饰。这件螺钿珍品正符合了黄成在《髹饰录》尚古门仿效条中所追求的："凡仿效之所巧，不必要形似，唯

216.　[明] 黄成：《髹饰录》，杨成注，日本蒹葭堂藏抄本，第77页。

得古人之巧趣与士风之所以然为主。"²¹⁶

　　纵观漆工千里的处境，较前面所述及的黄成、仇英和杨埙迥然有别。明末的漆工名声有如千里的虽然寥寥无几，但千里的出现却表明此时的民间漆工生活已经发生了前所未有的变化。嘉靖时匠役的松绑起到推动漆工自立的作用，奢侈品的流行与禁奢令的失效为民间漆工积攒名气创造了契机。相较于仇、杨二人，虽然漆工千里在文本中的描述相对有限，但对其漆艺的赞誉却是完全建立在他的高超手艺方面。

　　由明中叶的漆工仇英和杨埙到明末漆工千里的情况看来，可以明显地感受到其时漆工形象的具体化趋势。漆工的社会角色不但从团体的工匠体系中逐渐变得清晰起来，而且对漆工的关注又进一步集中到其本来的职业素养上来。黄成便身处这样一个漆工形象正在发生重要变化的时代，时间约在隆庆至天启年间，《髹饰录》即诞生于此时。与之同期出现的还有其他工艺书籍，例如：出现在嘉万朝的张问之所著《造砖图说》、周嘉胄所著的《装潢志》、成化至弘治朝午荣所著《鲁班经》、崇祯朝计成所著《园冶》、嘉靖朝龚辉所著《西槎汇草》，等等。尤其特别的是，这些书籍的作者都出身或活动于江南之地。黄成来自于徽州，杨明来自嘉兴西塘，张问之来自云庆而造砖于苏州，周嘉胄是扬州人，计成为苏州人，龚辉尝使浙东……这可并非偶然。各类工艺书籍得以同时涌现于此，除了因其时江南地区经济发展所带来的营造需求之外，更重要的是此地在工艺技术与艺术鉴赏信息的流通与密集化方面程度之高，使得这些专业知识有了被汇集于一身的可能。

　　明代的工艺技术书籍最为特殊之处，除了出现大量技术知识能够汇聚一身独立成书之外，最为突出的特点是反映出了其时民间无组织专业技术著述的兴起之势。这些工艺技术书籍的撰写、传抄甚至出版，皆深刻地流露出了晚明工匠生活中存在着的，超越职业地位的需求与愿望。就工匠本身而言，也许生活于嘉万之间的黄成，正经历着漆工生产的全面松绑，到漆艺产品风行的时势，为他提升社会地位缔造了机遇。或许《髹饰录》的书写便是他的这一愿望的明证，也许《髹饰录》只是他推销其漆艺的宣传策略。而更为理想的情况则是：在黄成的内心，《髹饰录》的流传既可体现其高深的典籍修养，又可显示其漆艺知识的广博，并且呈现出其传诸后进的名工风范。倘若他真有此意，最终还要等待三百年。从朱启钤自民国重新发现并刊行《髹饰录》，名工黄成的身份才又重返公众的视野。伴随着《髹饰录》自近代以来的再次流行，漆工黄成的盛名得以重光，并被时人奉为有明一代最有声望的畴人哲匠之一。

第四章　《髹饰录》的编撰内容

一、精心的布局

　　语言是任何一种文化最为重要的宝库。在接受语言词汇的过程中，我们也必须考虑到"其思维模式、主要的思想观念，以及我们所拥有的思考习惯"。[1]《髹饰录》运用乾坤、阴阳的谋篇布局常常令读者们感到印象深刻。其中的两个主要部分被分为"乾集"和"坤集"，这让此书一开篇就显得泾渭分明。明代文本中时常便捷地以卦象名称来进行书籍内容的分类安排，这与西语中流行以字母表来安排分类顺序的做法颇有相似之处。[2]

乾坤八卦

　　显然，并非所有语言都能用字母表来编排顺序。[3]尤其对

1.　E. H. Gombrich, "The Embattled Humanities: The Universities in Crisis", Topics of Our Time: Comments on Twentieth—Century Issues in Learning and in Art. Berkeley, Los Angeles: University of California Press, 1991. p. 32.
2.　Craig Clunas, "Luxury Knowledge: The Xiushilu（'Records of Lacquering'）of 1625", in Techniques et Cultures, 29 (1997): 27-40.
3.　Susan J. Behrens, Judith A. Parke, Language in the Real World: An Introduction to Linguistics, New York: Routledge, 2010. p. 69.

于像中文如此复杂，⁴且不按照字母表来统合发音系统的文字，对文本进行编排就只能另寻他法了。由于简牍及线装书都没有书脊，古代中国人便习惯于以书报来标明册数，最为常见是以汉字数字来分册，同时还形成了一套相沿相习的分册办法，即以固定的汉字组合拆解来分册。例如册数众多的会借用到《诗韵》或《千字文》中的"天、地、玄、黄、宇、宙、洪、荒……"来安排；十二册的采用"地支"；十册采用"天干"；五册用"金、木、水、火、土"；四册用"春、夏、秋、冬"；三册用"上、中、下"；两册用"上、下""天、地""乾、坤"，诸如此类。《髹饰录》二卷便记为"乾、坤"二册。

《髹饰录》所记载内容庞杂，为了归纳并统领全文，作者将其分列两卷，名为"乾集"及"坤集"，使文本内容各归其位。而且，黄成以"乾、坤"而不是"一、二"或者"上、下"来命名，说明黄氏相信"乾集"与"坤集"的安排能够充分有力地统率全书。这从作者在"乾集""坤集"的附赞中可见：

　　凡工人之作为器物，犹天地之造化。……乾所以始生万物，而髹具工则，乃工巧之元气也。乾德至哉。⁵

　　凡髹器，质为阴，文为阳；……此以各饰众文皆然矣。今分类举事而列于此，以为坤集。坤所以化生万物，而质体文

---

4. Frank Moore Cross, "The Invention and Development of the Alphabet", Wayne M. Senner. ed. The Origins of Writing, University of Nebraska Press, 1991. p. 77.

5. ［明］黄成：《髹饰录》，杨明注，日本蒹葭堂藏抄本，第 6 页。

饰，乃工巧之育长也。坤德至哉。[6]

　　由此可知，黄氏是要利用"乾坤"的观念明确所记述内容的编排体例。《周易·艮》谓："言有序"，[7]"序"即言语的条理、层次。早在先秦时代，中国的书籍观念已经形成，并随着古书的计量形式的产生而有册、卷、篇等单位。秦汉以后，去古渐远，章句之学渐行。汉王充《论衡·正说》有云："贤者作书，义穷礼竟，文辞备足，则为篇矣。其立篇也，种类相从，科条相附。殊种异类，论说不同，更别为篇。"[8]至魏晋六朝，文章之学渐兴，陆机《文赋》谓："选义案部，考辞就班。"[9]而刘勰《文心雕龙·附会》则说："何谓附会？谓总文理，统首尾，定与夺，合崖际，弥纶一篇，使杂而不越者也。"[10]此处黄成所谓"附赞"亦行就"总文理"之力。

　　黄成谓"作为器物犹天地之造化"，《周易·说卦》云："乾，天也，故称乎父。坤，地也，故称乎母。"[11]制作器物犹如乾坤（天地/父母）所造就化生，《庄子·大宗师》则云："以天地为大炉，以造化为大冶。"[12]黄成于此表明漆器的制作就像天地的造化，因而将文章内容分为"乾、坤"二集。黄

6.　同上，第 32 页。

7.　《周易》，北京：中华书局，2006 年，第 277 页。

8.　[汉] 王充：《论衡》，上海：上海人民出版社，1974 年，第 427 页。

9.　张怀瑾：《文赋注释》，北京：北京出版社，1984 年，第 24 页。

10.　[南朝] 刘勰：《文心雕龙》，北京：中华书局，2000 年，第 519 页。

11.　《周易》，北京：中华书局，2006 年，第 407 页。

12.　《庄子》，北京：中华书局，2010 年，第 108 页。

成谓"乾所以始生万物"乃《周易·象传》："大哉乾元，万物资始，乃统天。"[13]乾元之气是万物创始化生的动力，黄成谓"髹具工则乃工巧之元气也"，继而将髹具工则编排于"乾集"之内。《周易·象传》所言："至哉坤元，万物资生，乃顺承天。"[14]万物化生的法则来源于天，而生成于地，因而黄成谓"坤所以化生万物，而质体文饰，乃工巧之育长也。"将关于漆器的质地、器体、纹饰的生成呈现归纳于"坤集"。由此，黄成以乾坤的划分确立了全文的谋篇布局。

可是，黄成的意图还不止如此。他继续以与乾坤相辅相成的八卦观念进一步贯通于乾集的内容当中。尤其是在"利用"之内，黄成以各种自然现象比类关于漆器制作的各样工具与材料："天运"即旋床，"日辉"即金，"月照"即银，"宿光"即蒂，"星缠"即活架，"津横"即栈，"风吹"即揩光石，"雷同"即砖石，"电掣"即锉，"云彩"即色料，"虹见"即揸笔觇，"霞锦"即螺钿，"雨灌"即髹刷，"露清"即桐油，"霜挫"即削刀，"雪下"即筒罗，"霰布"即蘸子，"雹堕"即引起料，"雰笼"即粉笔盏，"时行"即挑子，"春媚"即画笔，"夏养"即雕刀，"秋气"即帚笔，"冬藏"即漆瓮，"暑溽"即荫室，"寒来"即桁，"昼动"即洗，"夜静"即窨，"地载"即几，"土厚"即灰，"柱括"即布，"山生"即捎盘，"水积"即湿漆，"海大"即曝漆盘，"潮期"即曝漆挑子，"河出"即模凿，"洛现"即笔

13.《周易》，北京：中华书局，2006 年，第 2 页。
14. 同上，第 10 页。

觇，"泉涌"即滤车，"冰合"即胶。

万物类象源自八卦，《周易》记子曰："圣人立象以尽意，设卦以尽情伪，系辞焉以尽其言，变而通之以尽利，鼓之舞之以尽神。"[15]乾、坤、巽、兑、艮、震、离、坎，八卦类象万物。"利用"之中每条首字为：天、日、月、宿、星、津、风、雷、电、云、虹、霞、雨、露、霜、雪、霰、雹、霁、时、春、夏、秋、冬、暑、寒、昼、夜、地、土、柱、山、水、海、潮、河、洛、泉、冰。实际上是套用了八卦万物类象的比类方法将每条内容排列了起来：

天：日、月、宿、星、津、风、雷、电、云、虹、霞、雨、露、霜、雪、霰、雹、霁。

时：春、夏、秋、冬、暑、寒、昼、夜。

地：土、柱、山、水、海、潮、河、洛、泉、冰。

《荀子·王霸》曰："上不失天时，下不失地利，中得人和，而百事不废。"[16]天、时、地，正是"利用"的核心意义所在，黄成谓："此以有圣者，有神者，皆示以功以法。故良工利其器。"[17]为此，黄成不惜将各类工具、材料命名套入"利用"之下，以应和天时、地利的观念。与此同时，又得之以与"乾、坤"二集的划分相匹配。而同在"乾集"的"楷法"，其中所包括的工则："三法""二戒""四失""三病"，所指向的则是"人"，此正接续了"天时不如地利，地利不如

---

15. 同上，第 375 页。

16. 《荀子》，郑州：中州古籍出版社，2008 年，第 202 页。

17. [明] 黄成：《髹饰录》，杨明注，日本蒹葭堂藏抄本，第 6 页。

人和"[18]的顺序。因而，从万物类象到天、时、地、人的观念层层相叠，黄氏运用了一套看似非常复杂，实际上却十分精致的排序手法，将各类工具、材料及工则严密地统领在"乾集"之内。

阴阳五行

在今人看来，《髹饰录》的内容如此晦涩难懂，其主要原因大多被归咎于作者对经史典籍的套用，而并非文本特别的编排方式所致。索予明认为"乾集"的简略不清是因为《髹饰录》作为一部漆工歌诀之故。[19]然而，即便作者以"乾坤""卦象"这类抽象的观念来笼络文本内容，对于晚明时代的识字之人来说，要理解《髹饰录》所要表达的内容，其实不会有太大难度。因为晚明文人所熟悉的四书五经中便包含着有关这些观念的论述。正是对这些经籍的了解促成了当时读者所能够阅读理解此书以依循的"话语场域"[discursive filed]。[20]

"倘若历史为《髹饰录》形成了一个框架式的修辞策略，而宇宙学组织起其中的材料，而且杨注与黄文两者都采纳了明代的话语场域。仅是针对修辞策略的架构与宇宙论的结构看来，这种手法我们可以将其粗略地谓之为'趣味'[taste]。"[21]

18.　《孟子》，北京：中华书局，2006 年，第 76 页。

19.　索予明：《蒹葭堂本髹饰录解说》，中国台北：商务印书馆，1974 年，第 5 页。

20.　Craig Clunas, "Luxury Knowledge: The Xiushilu ('Records of Lacquering') of 1625", in Techniques et Cultures, 29 (1997): 27—40.

21.　同上，第 33 页。

这种趣味的形成，便是明代经典教育的结果。尽管"趣味问题讲不清楚"[De gustibus non est disputandum]，但却不能抹煞"趣味可以培养这个事实"。[22]在此，对钟情于宇宙学的修辞结构的偏好，其核心价值便可以理解为是对中国古代阴阳思想的继承与运用。

《周易》有云："易有太极，是生两仪，两仪生四象，四象生八卦。"[23]两仪即阴阳，可引申为天地、昼夜等等；四象亦可对应四方、四季等等；八卦则分别代表天地万物诸意。黄成将《髹饰录》编成乾坤二集，其原旨便源自阴阳思想。阴阳不但主导着乾集中所涉及的八卦类象、天时地利的布局，同时也是黄成在坤集中罗列各类纹饰的基础：

> 文亦有阴阳：描饰为阳，描写以漆，漆木汁也，木所生者火，而其象凸，故为阳；雕饰为阴，雕镂以刀，刀黑金也，金所生者水，而其象凹，故为阴。[24]

在"坤集"中，杨明在每个门类始处作注谓：

> （质色）纯素无文者，属阴以为质者，列在于此。
> （纹魏）魏面为细纹，属阳者列在于此。
> （罩明）罩漆如水之清，故属阴。其透彻底色明于外者，

---

22. E. H. Gombrich, The Story of Art, 15th edn, Oxford: Phaidon Press, 1995. p. 36.
23. 《周易》，北京：中华书局，2006 年，第 372 页。
24. [明]黄成：《髹饰录》，杨明注，日本蒹葭堂藏抄本，第 32 页。

列在于此。

（描饰）稠漆写起，于文为阳者，列在于此。

（填嵌）五彩金钿，其文陷于地，故属阴，乃列在于此。

（阳识）其文漆堆挺出为阳中阳者，列在于此。

（堆起）其文高低灰起加雕琢，阳中有阴者，列在于此。

（雕镂）雕刻为隐现，阴中有阳者，列在于此。

（戗划）细镂嵌色，于文为阴中阴者，列在于此。

（斒斓）金银宝贝，五彩斑斓者，列在于此。

（复饰）美其质而华其文者，列在于此。

（纹间）文质齐平，即填嵌诸饰及戗、款互错施者，列在于此。

（裹衣）以物衣器而为质，不用灰漆者，列在于此。

（单素）椹器一髹而成者，列在于此。

（质法）此门详质法。名目顺次而列于此。

（尚古）一篇之大尾名‘尚古’者，盖黄氏之意在于斯。[25]

于此，黄成以纹饰的描饰与雕饰对应阴阳、凹凸之象。虽然，复观"斒斓""复饰""纹间"三门已然略显缭乱，但他们仍在阴阳、凹凸之象的笼络之下。

黄成不惜大费周章以阴阳思想统率全文，其关键便在于"五行"。《尚书·洪范》记周武王与箕子对话："五行：一曰水，二曰火，三曰木，四曰金，五曰土。水曰润下，火曰炎上，木曰曲直，金曰从革，土爰稼穑。润下作咸，炎上作苦，

---

25. 同上，第32、36、39、42、46、49、50、56、57、63、65、67、69、75页。

曲直作酸，从革作辛，稼穑作甘。"[26]五行即谓构成万物的五种
基质。在《左传》中，"五材"又与"金、木、水、火、土"
相通。《左传·襄公二十七年》："天生五材，民并用之，废
一不可。"杜预注曰："金、木、水、火、土也。"[27]

黄成只在卷首提到过"五行"，而五行思想却渗透全文：

然而利器如四时，美材如五行。四时行、五行全，而百物
生焉。四善合、五采备，而工巧成焉。[28]

利器、美材犹如"四时""五行"，"四善合、五采备，
而工巧成焉"源出《考工记》中"天有时、地有气、材有美、
工有巧，合此四者然后可以为良。"[29]又"五色，东方谓之青，
南方谓之赤，西方谓之白，北方谓之黑，天谓之玄，地谓之
黄"[30]"杂四时五色之位以章之，谓之巧"[31]。而"四时行、五
行全，而百物生焉"，见《论语·阳货》子曰："四时行焉，
百物生焉，天何言哉？"[32]《淮南子·天文训》："天地之袭精
为阴阳，阴阳之专精为四时，四时之散精为万物。"[33]后来，周
敦颐在其《太极图说》中又出神入化地描述道："阳变阴合，

26. 《尚书》，长沙：岳麓书社，2001 年，第 121 页。
27. 杨伯峻编著：《春秋左传注》，北京：中华书局，1990 年，第 1136 页。
28. [明] 黄成：《髹饰录》，杨明注，日本蒹葭堂藏抄本，第 6 页。
29. 张道一 注译：《考工记注译》，西安：陕西人民美术出版社，2004 年，第 10 页。
30. 同上，第 221 页。
31. 同上，第 226 页。
32. 《论语》，北京：中华书局，2006 年，第 272 页。
33. [汉] 刘安 撰：《淮南子》，郑州：中州古籍出版社，2010 年，第 54 页。

而生水火木金土，五气顺布，四时行焉。五行一阴阳也，阴阳
一太极也，太极本无极也。五行之生也，各一其性。无极之
真，二五之精，妙合而凝。干道成男，坤道成女。二气交感，
化生万物，万物生生而变化无穷焉。"[34]

　　五行相生相成、联系紧密，对比《吕氏春秋》《礼记·月
令》《淮南子·时则训》可见其关系：

　　　　五行：木、火、土、金、水；
　　　　五时：春、夏、季夏、秋、冬；
　　　　五采：青、赤、黄、白、黑；
　　　　五方：东、南、中、西、北；
　　　　……

　　"五行"实际上包罗万象，其目的是解释万物之间的联
系。对此，史华兹（Benjamin Isadore Schwartz）在分析中国古
代的宇宙学思想时曾谈到："事实上，这是一种思维模式，其
基本原理与列维·斯特劳斯（Lévi-Strauss）所描述的'固化科
学'[science of the concrete]如出一辙。在他看来，这是一种普
遍地存在于大多数'原始'社会中的思维模式，因此，他毫不
犹豫地称之为'原始思维'[la pensée sauvage]。"[35]

　　这种思维模式经过长期的积累沉淀而成，在中国人的传统思
想中根深蒂固，于人与自然关系的处理方面影响巨大。《春秋繁
露·五行之义》云："木，五行之始也；水，五行之终也；土，

---

34. ［宋］周敦颐：《太极图说》，上海：古籍出版社，1992年，第4—12页。
35. Benjamin Isadore Schwartz, *The World of Thought in Ancient China*, Harvard University Press, 1985. p. 351.

五行之中也。此其天次之序也。木生火，火生土，土生金，金生水，水生木，此其父子也。"[36] "五行"互动，万物生生，之所谓"天人合一"。黄成在《髹饰录》中为了强调漆工制器当取法天地造化，即以"乾坤""八卦"编排文本内容，并以"阴阳"与"五行"维系全文，其中的巧思安排令人称妙。

天人合一

　　《髹饰录》的谋篇布局如此精致，实在让人惊艳于作者作为漆工所拥有的文化素养。然而，这似乎可以归功于明代教育迅猛发展的影响，尤其是在晚明时代的江南地区。明末全祖望《鲒埼亭集·明初学校贡举事宜记》记载："乡里凡三十五家皆立一社学，愿读书者，尽得预焉。"[37]其时的社学大多是民间自办的，主要是为了教化儿童。社学教授的内容以四书五经为主。黄成的出生地徽州是当时最为著名的刻书中心之一，同时又是官编《性理大全》中程朱理学的发源地，《性理大全》与官编《四书五经大全》二书皆是明代学校的必读教材。

　　史妮文（Sarah K. Schneewind）曾针对明代的社学发展，分析过皇权与社会秩序的关系。[38]与之相对应，艾尔曼（Benjamin A. Elman）则集中讨论过其时的科举制度，虽然他认为社学的作

36.　[汉]董仲舒：《春秋繁露》，北京：中华书局，1975年，第389—390页。
37.　[清]全祖望：《鲒埼亭集》，上海：古籍出版社，2000年，第1151页。
38.　Sarah K. Schneewind, "Competing Institutions: Community Schools and 'Improper Shrines' in Sixteenth—Century China", in Late Imperial China 20.1, 1999: 85-106.

用不大，[39]但是，各级学校教育仍然是明代宇宙学思想与社会分层意识的传播途径之一。卜正民在谈论到明代的学校与藏书楼时曾谓："在中国，儒家文化被系统化为一整套的课程，并与国家权力运作紧密联系在一起。知识屈从于权力的'尊经'[posture of reverence]，就表明了这种联系的紧密性。"[40]

　　作为中国传统思想文化中自然哲学与伦理实践的根源，《周易》历来被列在群经之首。卫德明（Hellmut Wilhelm）就曾围绕扬雄的"太玄理论"[the alternative I Ching]为中心讨论了天人感应的哲学体系与宇宙论。[41]而在有关伦理与社会秩序方面，江永琳（Jiang Yonglin）就分析了"天命"[mandate of heaven]与明初的立法问题。[42]在明代，通过立法、教育、习俗，这种以阴阳属性的一元论来描述世间万物各种变化的思想意识得到了巩固，成为理解《髹饰录》中各种知识的话语场域形成的基础。

　　在晚明时代所流行的《髹饰录》中所涉及的阴阳属性作为一种定性的矛盾分类方法，不但为理性分析和认识各类漆工艺提供了立论的依据，而且在这种阴阳相应的、朴素的认识论之中，又极富针对性地与漆艺设计的美学产生了共鸣。"阴阳"

39.　Benjamin A. Elman, A Cultural History of Modern Science in China, Cambridge, MA: Harvard University Press, 2006. pp. 260-276.

40.　Timothy Brook, The Chinese State in Ming Society, Taylor & Francis e-Library, 2005. p. 113.

41.　Hellmut Wilhelm. Heaven, Earth, and Man in The Book of Changes: Seven Eranos Lectures. Seattle: University of Washington Press, 1977. pp. 126-163.

42.　Jiang Yonglin, The Mandate of Heaven and The Great Ming Code, University of Washington Press, 2011. pp. 22-69.

与"五行"的相得益彰成为黄成笼络全文的思想基石，其核心美学观念则是巧法造化的"天人合一"思想。[43]"阴阳""五行"之间的关系是古人对自然界事物相互关系的整理与总结，也是用来平衡处理事物矛盾的思想准则。人们在自然中取材用材，在设计中适当平衡其中各种关系，皆与此思想有关。[44]

　　《国语·周语》中所谓："天六地五，数之常也。"[45]便是对"阴阳五行说"的扼要概括。古希腊哲学家毕达哥拉斯（Pythagoras）所谓："万物皆数"亦将自然世界作为抽象结论。恩培多克勒（Empedocles）则将自然具体分析为：土、火、气、水，"四元素说"（cosmogenic theory of the four Classical elements）。李约瑟（Joseph Needham）认为"阴阳五行说"同欧洲的"四元素说"相似，但历来这在科技史领域却争议颇多。对此，李氏坚称："任何人想要嘲笑这种体系的持续，都应当回想起当年创立英国皇家学会（the Royal Society）的前辈们曾耗费他们大量宝贵的时间，来与亚里士多德（Aristotle）的四元素理论和其他'逍遥学派的幻想'[peripatetick fancies]的顽固支持者们进行殊死的斗争。"[46]

　　姑且莫论"四元素说"与"阴阳五行说"的异同，但亚

43.　Jana Rošker, Searching For the Way: Theory of Knowledge in Pre-modern and Modern China, Hong Kong: The Chinese University of Hong Kong, 2008. pp. 183-194.

44.　Tang Yi-Jie, Li Zhen, George F. Mclean, ed. The Chinese Tradition and the Future, University Press of America, 1989. pp. 3-24.

45.　《国语》，上海：古籍出版社，1978 年，第 98 页。

46.　Joseph Needham, Science and Civilization in China, Vol. 2, History of Scientific Thought. Cambridge University Press, 1991. p. 293

氏认为世界客观存在，并处于永恒的变动之中，事物彼此间互相影响，这与五行相辅相成的互动观念就颇为类似。此思想亦渗透于亚氏的各种论述之中。据色诺芬（Xenophon）的记述可知，早在苏格拉底（Socrates）之时，"得宜"[decorum]的原则就与美的观念并行。亚里士多德也将"得宜"这一术语运用于其《修辞学》（Ars Rhetorica）里。[47]后来，帕奈提奥斯（Panaetius）更将之与"道德美"联系起来。如此一来，"得宜"与"天人合一"便有了异曲同工之妙。《周易·文言》中所谓："与天地合其德，与日月合其时，与四时合其序，与鬼神合其凶吉，先天而天弗违，后天而奉天时。"[48]又见《春秋繁露·阴阳义》云："天亦有喜怒之气，哀乐之心，与人相副。以类合之，天人一也。"[49]此正暗合了"得宜""天人合一"与"美"之间的关系。

　　《髹饰录》中所说"凡工人之作为器物，犹天地之造化""四善合、五采备，而工巧成焉""质体文饰，乃工巧之育长也"等等，即是"天人合一"美学观念的体现，其中的价值观念则与"得宜"相契合。作为《髹饰录》所要表达的要旨，无论"天人合一"抑或"得宜"，书中将明代流行的各种漆艺知识囊括于一身，不但以阴阳五行思想作为书写基础使之在阅读效果上显得恰到好处、顺理成章，而且又巧妙别致地将

47.　Paul Qskar Kristeller, Renaissance Thought and Arts, Princeton University Press, 1980. p.167.
48.　《周易》，北京：中华书局，2006 年，第 350 页。
49　[汉] 董仲舒：《春秋繁露》，北京：中华书局，1975 年，第 415 页。

各类漆艺知识笼络于传统的造物观念之内。

二、丰富的知识

对于晚明中国的识字之人而言，在"天人合一"的观念当中，理解《髹饰录》中的阴阳五行思想实际上畅通无阻。"在明代的话语系统中，几乎没有任何构建方式有天地人三才那样的容纳能力"，[50]而"天人合一"的原型便来自《周易》中所强调的"三才之道"。《髹饰录》的作者黄成便以天、地、人"三才"的强大凝聚力将其所能了解的晚明漆艺知识汇聚于一书之中。

巧法造化

所谓"造化"，即是自然。《庄子·大宗师》有云："今一以天地为大炉，以造化为大冶，恶乎往而不可哉？"[51]后来在"天人合一"的观念改造之下，"造化"又被延伸为创造化育之意。《汉书·董仲舒传》曰："今子大夫明于阴阳所以造化，习于先圣之道业。"[52]《髹饰录》中的巧法造化实际上将两层意思都涵盖在内。

《考工记》所谓："天有时、地有气、材有美、工有巧，

---

50. Craig Clunas, Pictures and Visuality in Early Modern China, London: Reaktion Books, 1997. p. 77.

51. 《庄子》，北京：中华书局，2010 年，第 108 页。

52. [汉] 班固:《汉书》，长春：吉林人民出版社，1995 年，第 1734 页。

合此四者可以为良。"⁵³而《髹饰录》则称:"故良工利其器。然而利器如四时,美材如五行。四时行,五行全,而百物生焉。四善合,五采备,而工巧成焉。"⁵⁴为了效法自然,《髹饰录》的"利用"门在罗列各种漆器工具与材料的同时,又将各样工具、材料的名称比拟成种种自然之象。

　　漆作为一种涂料需要依附于胎骨让而后进行髹饰。因而,欲要了解一件漆器的制作过程必先要了解其制胎的相关知识。《髹饰录》中首述有关制胎的工具——旋床,便是制作木胎的设备。黄成将之比拟为"天运"(引号内为杨注,下同):

　　　　天运,即旋床。有余不足,损之补之。
　　　　"其状圜,而循环不辍,令椀、合、盆、盂,正圆无苦窳,故以天名焉。"⁵⁵

　　旋床,亦作车床,利用轮轴旋转来制作木胎的工具。旋床两端有轴,将木棍嵌于中间,用皮条牵引使之旋转,另以一刨子形式之刀,刮之便妥。凡是圆柱形之木质物而有粗细种种花样者,均归此旋成。而元人陶宗仪在《辍耕录》中所谓:"凡造碗碟盘之属,其胎骨则梓人以脆松劈成薄片,于旋床上胶缝干成。"⁵⁶则是旋为木片再以胶粘合而成的胎骨。在胎骨成型以

53. 张道一:《考工记注译》,西安:陕西人民美术出版社,2004年,第10页。
54. [明]黄成:《髹饰录》,杨明注,日本兼葭堂藏抄本,第6页。
55. 同上,第7页。
56. [元]陶宗仪:《辍耕录》,北京:中华书局,第375页。

后，也胶以脆松薄片对胎骨的缺陷进行补缀。各种胶料在漆器制作中用途广泛，黄成将其称之为"冰合"：

冰合，即胶。有牛皮、有鹿角、有鱼鳔。两岸相连，凝坚可渡。

"两岸相连，言二物缝合。凝坚可渡，言胶汁如冰之凝泽，而干则有力也。"[57]

黄成在此提到的各种胶料为块状，隔水蒸熬成糊状。胶料不但用于补缀胎骨，还可用于调漆糊制作灰底，或用于粘贴螺钿嵌片。

胎骨制成并补缀后，须以削刀切削修整。黄成将削刀比拟为"霜挫"：

霜挫，即削刀并卷凿。极阴杀木，初阳斯生。

"霜杀木，乃生萌之初，而刀削朴，乃髹漆之初也。"[58]

削刀，刀口扁平，用于切削胎骨平面；卷凿，刀口圆卷，用于切削圆面。《春秋元命苞》曰："霜以杀木，露以润草。"[59]因而，杨明释曰，霜雪坠压于树木，乃是生机萌动之开始，而金

57. 黄成著:《髹饰录》，杨明注，日本兼葭堂藏抄本，第 20 页。
58. 同上，第 11 页。
59. [清] 黄奭:《春秋元命苞（黄氏逸书考）》，《续修四库全书》册一二〇八，上海：古籍出版社，2002 年，第 629 页。

属刀具削挖木胎，乃是髹漆的开始。削刀、卷凿与旋床同是制作胎骨时使用的工具，也是制作漆器最先用到的工具。

胎骨处理好后还要准备好一块布，作为给胎骨裱布之用。黄成将这块布料称之为"柱括"：

> 柱括，即布。并斩絮麻筋。土下轴连，为之不陷。
>
> 二句言布筋包裹桼楘，在灰下，而漆不陷，如地下有八柱也。[60]

这块布可以是棉布，也可以是麻布。将布裱于胎骨与漆器表面之内，起到支撑作用，以使漆器表面更平整而不易塌陷。裱布要用湿漆浆糊于胎骨之上。黄成将湿漆比拟为"水积"：

> 水积，即湿漆。生漆有稠、淳之二等，熟漆有揩光、浓、淡、明膏、光明、黄明之六制。其质兮坎，其力负舟。
>
> "漆之为体，其色黑，故以喻水。复积不厚则无力，如水之积不厚，则负大舟无力也。工者造作，勿吝漆矣。"[61]

生漆有稠、淳两种等别，熟漆有揩光、浓、淡、明膏、光明、黄明之六种加工制作。熟漆的制作要经过曝漆过程，曝漆之前要先过滤。滤漆的工具被称为滤车，黄成称之为"泉涌"：

> 泉涌，即滤车并幦。高原混混，回流涓涓。

---

60. [明] 黄成：《髹饰录》，杨明注，日本蒹葭堂藏抄本，第 17 页。
61. 同上，第 18 页。

"漆滤过时，其状如泉之涌而混混下流也。滤车转轴回紧则漆出于布面，故曰回流也。"[62]

《礼记·玉藻》谓："君羔幦虎犆。幦，覆笭也。"[63]幦在此指夏布。将漆液倒在浸湿的方形夏布中央，叠合反向扭转，两端扎紧系于滤车臂架，旋紧两端，挤压漆液从布孔中溢出。这是制漆的首道工序，各种漆料的加工皆须过滤，除掉所有杂质后方可曝漆。

除掉杂质后，将漆液灌入曝漆盘之中，黄成称曝漆盘及煎漆锅为"海大"：

海大，即曝漆盘并煎漆锅。其为器也，众水归焉。

"此器大，而以制热诸漆者，故比诸海之大，而百川归之矣。"[64]

漆液放在曝漆盘内进行晒制的同时，还要用专门的曝漆挑子翻动漆液，黄成称之为"潮期"：

潮期，即曝漆挑子。鳅尾反转，波涛去来。

"鳅尾反转打挑子之貌。波涛去来挑翻漆之貌。凡漆之曝

---

62. 同上，第 20 页。
63. 潜苗金：《礼记注译》，杭州：浙江古籍出版社，2007 年，第 364 页。
64. [明]黄成：《髹饰录》，杨明注，日本蒹葭堂藏抄本，第 18 页。

熟有佳期，亦如潮水有期也。"[65]

　　这种专用于晒漆的挑子大而长，在晒漆时将漆液不停翻动，以增加漆分子与空气接触的机会，保证漆酚能够充分氧化聚合。其实挑子有大小长短各式，用法不同而形态各异。黄成将各种各样的挑子比拟为"时行"：

　　时行，即挑子。有木、有竹、有骨、有角。百物斯生，水为凝泽。
　　"漆工审天时而用漆，或为麴，如水有时以凝，有时以泽也。"[66]

　　王世襄解曰："挑子，即漆刮。挑子用木、竹或骨、角制成，漆工髹漆，无论打底、作灰漆、糙漆、髹上涂漆，莫不要挑子。挑子有时挑稠厚的漆灰，有时挑稀飘的漆，好像四时运转，百物萌生，制造漆器就从挑漆开始，所以托其名为'时行'。"[67]
　　经过滤漆、曝漆精制而成的漆液被储存于漆瓮之内待用。黄成将存放漆液的器皿称之为"冬藏"：

　　冬藏，即湿漆桶并湿漆瓮。玄冥玄英，终藏闭塞。

65.　同上，第 19 页。
66.　同上，第 13 页。
67.　王世襄：《髹饰录解说——中国传统漆工艺研究》，北京：文物出版社，1998 年，第 39 页。

"玄冥玄英，犹言冬水。以漆喻水，玄言其色。凡湿漆贮器者，皆盖藏，令不潇凝，更宜闭塞也。"[68]

木桶一般用于采集、运输或存放量大、时长的漆液；陶瓷瓮则多用于装存量少、常用的漆液。无论是桶还是瓮，在载漆后都必须加盖油纸，以确保漆液表面与空气隔绝，利于减慢漆液因与空气接触而干结的速度。漆工开始使用存好的漆液时会用到杇子，黄成称之为"寒来"：

寒来，即杇。有竹、有骨、有铜。已冰已冻，令水土坚。
"言法絮漆、法灰漆、冻子等，皆以杇粘着而干固之，如三冬气，令水土冰冻结坚也。"[69]

杇是一种小而轻便的工具，其状如塑刀。杇可以用于粘接、填补、起线、堆花等方面，对于法絮漆、法灰漆、冻子等稠厚物的加工都需要用到杇。同时，藏漆的取用，也可用杇子挑起油纸及漆額。

骨胎及漆液都准备好后，漆工来到盛放工具的几台跟前准备加工漆胎。黄成将漆工的几桌称之为"地载"：

地载，即几。维重维静，陈列山河。

"此物重静，都承诸器，如地之载物也。山指捎盘，河指
模凿。"[70]

盛载工具的几桌四平八稳。几桌上放置的是捎盘及模凿。
黄成称捎盘和髹几为"山生"：

山生，即捎盘并髹几。喷泉起云，积土产物。
"泉指滤漆，云指色料，土指灰漆。共享之于其上，而作
为诸器如山之产生万物也。"[71]

髹几用于承载正在加工的漆器，与放置工具的几桌相邻。
捎盘实际上是一块用于调漆、调色、合灰漆的板子，又名髹
盘。将滤好或精制过的湿漆挑到捎盘上，加入色料进行调色。
黄成将各种色料比拟为"云彩"：

云彩，即各色料。有银朱、丹砂、绛矾、赭石、雄黄、雌黄、靛花、
漆绿、石青、石绿、诏粉、烟煤之等。瑞气鲜明，聚成花叶。
"五色鲜明，如瑞云聚成花叶者。黄帝华盖之事，言为物
之饰也。"[72]

黄成在此列出各种可与漆调和的色料。有时，漆工为了调

---

70. 同上，第 17 页。
71. 同上，第 18 页。
72. 同上，第 9 页。

得更为鲜艳的颜色而直接与比湿漆更为透明的桐油进行调合。黄成将桐油比拟为"露清"：

> 露清，即罂子桐油。色随百花，滴沥后素。
> "油清如露，调颜料则如露在百花上，各色无所不应也。后素，言露从花上坠时，见正色，而却至绘事也。"[73]

桐油清澈。以桐油调各色料，各色鲜妍如百花，正色显现，有"绘事后素"[74]之意。除了调漆与调各种色料之外，捎盘也用于调合灰漆。灰有多种，黄成称之为"土厚"：

> 土厚，即灰。有角、骨、蛤、石、砖及坏屑、磁屑、炭末之等。大化之元，不耗之质。
> "黄者厚也，土色也，灰漆以厚为佳。凡物烧之则皆归土。土能生百物而永不灭，灰漆之体，总如卒土然矣。"[75]

捎盘因其用途多样而与髹几为常备之物。而另一配备于漆工几台的工具是模凿，被黄成称之为"河出"：

> 河出，即模凿并斜头刀、锉刀。五十有五，生成千图。
> "五十有五，天一至地十之总数。言蜔片之点、抹、钩、

---

73. 同上，第11页。
74. 《论语》，北京：中华书局，2006年，第28页。
75. [明]黄成：《髹饰录》，杨明注，日本蒹葭堂藏抄本，第17页。

挑，总五十有五式。皆刀凿刻成之，以此之河出图也。"[76]

模凿、斜头刀、锉刀皆是加工钿片之类硬料的工具。王世襄解模凿曰："制造镶嵌螺钿的漆器，要用许多同一形状及同一大小的钿片。譬如漆器花边的几何图案，往往是用许多三角形及菱形的钿片嵌成的；钱纹或球纹，往往是用许多橄榄形的钿片嵌成的。为了使钿片齐整一律，并免去每一块都要度量裁切的麻烦，所以漆工准备了若干种类似模子的凿刀，用来切钿片。"[77]黄成提到了漆器装饰所用的各种螺钿，并将之比拟为"霞锦"：

> 霞锦，即螺钿、老蚌、车螯、玉珧之类。有片有沙。天机织贝，冰蚕失文。
> "天真光彩，如霞如锦，以之饰器则华妍，而康老子所卖，亦不及也。"[78]

各种螺钿硬料，有片状有粒状。又可经斜头刀、锉刀对螺钿进行装饰加工，可点、抹、钩、挑，形形色色。

除了模凿、斜头刀、锉刀外，黄成还列出了各种雕刀，并称之为"夏养"：

---

76. 同上，第 19 页。
77. 王世襄：《髹饰录解说——中国传统漆工艺研究》，北京：文物出版社，1998 年，第 49 页。
78. [明] 黄成：《髹饰录》，杨明注，日本蒹葭堂藏抄本，第 10 页。

夏养。即雕刀，有圆头、平头、藏锋、圭首、蒲叶、尖针、剞劂之等。万物假大，凸凹斯成。

"千文万华雕镂者比描锦则大似也。凸凹即识款也。雕刀之功如夏日生育，长养万物矣。"[79]

索予明解曰："圆头、藏锋等，是指各式形状不同和用途不同的雕刀。就实用上说，漆器本来无须雕刻就可供使用，但是为了达到更美好的目的，有时还要施以雕花装饰。这好像天地培育万物，以生以养，使成大器。"[80]雕刀的用途广泛，镶嵌钿片的加工可以用到雕刀，堆红、雕漆、款彩、戗划等技艺皆采用各种雕刀完成。而且作者将雕镂与描锦并列，并指出其装饰原理大致相仿，皆是凹凹凸凸以形成各种各样的图案纹饰。

虽然黄成认为雕镂与描锦同是"凹凸成斯"，但画漆用的工具却是笔刷而并非雕刀。起稿用的粉笔与粉盏，黄成将之称为"雾笼"：

雾笼，即粉笔并粉盏。阳起阴起，百状朦胧。

"雾起于朝，起于暮。朱髹、黑髹，即阴阳之色，而器上之粉道百般，文图轻疏，而如山水草木，被笼于雾中而朦胧也。"[81]

---

79. 同上，第 14 页。
80. 王世襄：《髹饰录解说——中国传统漆工艺研究》，北京：文物出版社，1998 年，第 28 页。
81. [明]黄成：《髹饰录》，杨明注，日本蒹葭堂藏抄本，第 13 页。

粉笔与粉盏用于描定漆器上装饰图案的位置。此是漆器装饰常用工具，镶嵌、雕镂、描锦等工艺皆会用到。但凡装饰繁复或大件漆器表面图案经营都缺此不可。粉笔可直接于器胎表面描画，而图稿描画于薄纸之上，也可蘸粉于纸背复描于器胎上。复杂的图案，其粉道交织，朦朦胧胧，视若"雾笼"。

以粉笔或粉盏在漆胎表面起好图稿后，以画笔依稿描漆。黄成将画笔比拟为"春媚"：

春媚，即漆画笔。有写像、细钩、游丝、打界、排头之等。化工妆点，日悬彩云。

"以笔为文彩，其明媚如化工之妆点于物，如春日映彩云也。日言金，云言颜料也。"[82]

描漆所用的画笔多种多样，据所需粗细软硬选用。而各色漆色置于揸笔觇上，随画笔蘸取，黄成称五格揸笔觇为"虹见"：

虹见，即五格揸笔觇。灿映山川，人衣楚楚。

"每格泻合色漆其状如蝀𬟽。又觇笔描饰器物，如物影文相映，而暗有画山水人物之意。"[83]

五格揸笔觇恰好有五格，正与五色相应，但前面说到色料

82.　同上，第 14 页。
83.　同上，第 10 页。

已不止五种，加上各色料相互调配又可获得更多色彩。关于揸笔觇，黄成在后文又与笔觇再列出，并称为"洛现"：

洛现，即笔觇并揸笔觇。对十中五，定位支书。

"四方四隅之数皆相对，得十而五，乃中央之数。言描饰十五体，皆出于笔觇，以比之龟书出于洛也。"[84]

高濂《遵生八笺》谓："笔觇有以玉碾片叶为之者。古有水晶浅碟，亦可为此。惟定窑最多扁坦小碟。"[85]而屠隆在《考槃余事》则云："有中盏作洗，边盘作笔觇者。有定窑扁坦小碟最多，俱可作笔觇。"[86]由此可知，揸笔觇是用于调制各种漆色的，而笔觇很可能是濡笔的小碟。

漆画笔于笔觇及揸笔觇上蘸濡漆色，以写像、细钩、游丝、打界、排头等各种描画，而对于大面积的涂抹，则需要用到髹刷。黄成将各种大小髹刷比拟作"雨灌"：

雨灌，即髹刷。有大小数等及蟹足、疏鬃、马尾、猪鬃，又有灰刷、染刷。沛然不偏，绝尘膏泽。

"以漆喻水，故蘸刷拂器，比雨。麹面无颣，如雨下尘埃不起为佳。又漆偏则作病，故曰不偏。"[87]

---

84. 同上，第 19 页。
85. ［明］高濂：《燕闲清赏笺》，成都：巴蜀书社，1992 年，第 554—558 页。
86. ［明］屠隆：《考槃余事》，杭州：浙江人民美术出版社，2011 年，第 284 页。
87. ［明］黄成：《髹饰录》，杨明注，日本兼葭堂藏抄本，第 10 页。

小的髹刷也可当漆画笔使用，不过笔头偏偏而已。大的髹刷可进行大面积的髹涂，也可用于髹涂全器、素髹或者用于髹涂厚作各式雕漆器的漆层。还有灰刷及染刷，均根据刷毛的软硬而用。但作髹刷的毛料一般不会太柔软，例如马尾或猪鬃；若羊毛，则太软，多以干用。黄成提到的帚笔则大多毛软，用于干敷各色，被称之为"秋气"：

秋气，即帚笔并茧球。丹青施枫，金银着菊。

"描写以帚笔干傅各色，以茧球施金银，如秋至而草木为锦。曰丹青、曰金银、曰枫、曰菊，都言各色百华也。"[88]

帚笔与茧球皆干用，不蘸湿漆。漆画笔描画图案后，可以帚笔干敷各色漆粉；茧球即棉球，用以在未干的色漆上扑洒金银粉或箔。金银材料各式各样，是漆器常见的装饰用料，黄成将各式的金银材料比拟为"日辉"与"月照"：

日辉，即金。有泥、屑、麸、薄、片、线之等。人君有和，魑魅无犯。

"太阳明于天，人君德于地，则螭魅不干，邪诣不害。诸器施之，则生辉光，鬼魅不敢干也。"[89]

月照，即银。有泥、屑、麸、薄、片、线之等。宝臣惟佐，如烛精光。

---

88. 同上，第 14 页。
89. 同上，第 7 页。

"其光皎如月。又有烛银。凡宝货以金为主，以银为佐，饰物亦然，故曰臣。"[90]

金银片较为粗厚，泥、屑、麸则细碎轻薄，更适于在未干的色漆上进行扑洒装饰。

柔软的帚笔及茧球不但可以在描画的湿漆上干敷色粉及金银，也可以在大面积髹涂漆液未干的漆器表面扑洒金银，如《髹饰录·坤集》中复饰之洒金地诸饰。洒金地是在漆器底漆上扑洒金银粉作背景装饰，帚笔是必备工具。色粉及金银粉要以筒罗加工，黄成将筒罗比拟为"雪下"：

雪下，即筒罗。片片霏霏，疏疏密密。

"筒有大小罗有疏密，皆随麸片之粗细，器面之狭阔而用之。其状如雪之下而布于地也。"[91]

筒罗可以将色粉、金银粉、螺钿粉以罗眼疏密程度区分成各种粗细大小。可以分好后备用，也可直接在髹漆未干之时直接捣洒其上，但从所需。这是复饰漆器底地的常见做法。除此之外，做底地装饰的常用工具还有蘸子，黄成称之为"霰布"：

霰布，即蘸子。用缯、绢、麻布。蓓蕾下零，雨冻先集。

---

90. 同上。
91. 同上，第 12 页。

　　"成花者为雪，未成花者为霰，故曰蓓蕾。漆面为文相似
也。其漆稠粘，故曰雨冻，又曰下零，曰先集，用蘸子打起漆面
也。"[92]

　　蘸子即用缯、绢、麻布等布料突起的扑子。在未干的漆
面上以蘸子打起蓓蕾状花纹。《髹饰录·坤集》中"纹甃"之
"刻丝花"有细蓓蕾纹，"填嵌"中有"蓓蕾斑填漆"，俱是
可以用蘸子打起蓓蕾花纹。蓓蕾花纹除了可作底地装饰之外，
也可作单独装饰，因而《髹饰录·坤集》中"纹甃"门又有
"蓓蕾漆"条。除了以蘸子打起蓓蕾纹，还有用引起料作为起
纹工具，黄成将之称为"雹堕"：

　　雹堕，即引起料。实粒中虚，痕迹如炮。
　　"引起料有数等，多禾壳类，故曰实粒中虚，即雹之状。
又雹炮也，中物有迹也。引起料之痕迹为文，以比之也。"[93]

　　引起料大多是禾壳之类。在髹漆未干之时，将禾壳投撒于
漆面，漆干后除去禾壳，留下凹痕，其状如雹粒，故而变成"雹
堕"。至此，关于制作底纹的工具黄成此处只列举了这三样，分
别代表了洒、打、挖三种常用的底纹做法。往后起纹的种种变化
与采取用具的不同，其起纹的原理皆源出这三种做法。

92.　同上。
93.　同上。

从胎骨补缀到打底、垸漆、糙漆、䤸漆等各道工序，每每完成后须入窨候干。窨，指地下室。黄成将窨比拟为"夜静"：

夜静，即窨。列宿兹见，每工兹安。

"底、垸、糙、䤸，皆纳于窨而连宿，令内外干固，故曰每工也。列宿指成器，兼示工人昼勉事夜安身矣。"[94]

从髹漆至镶嵌或描画，以至底纹装饰各加工步骤完成以后要入荫待干。黄成将存放待干漆器的荫室称之为"暑溽"：

暑溽，即荫室。大雨时行，湿热郁蒸。

"荫室中以水湿，则气熏蒸。不然则漆难干。故曰：大雨时行。盖以季夏之候者，取湿热之气甚矣。"[95]

最适合于漆干燥的温度是25～30℃，湿度在80～85％。寒冬时温度过低，漆液干燥较慢，有时甚至不干；春夏梅雨季节湿度过大，盛夏时温度过高，漆液干燥过快，又易引起漆膜起皱。因而漆工设置荫室以控制温度、湿度，让漆器顺利干燥。荫房之内有放置漆器半成品的设备，黄成将之称为"宿光""星缠"及"津横"：

---

94. 同上，第 16 页。
95. 同上，第 15 页。

宿光，即蒂。有木、有竹。明静不动，百事自安。

"木蒂接牝梁，竹蒂接牡梁。其状如宿列也，动则不吉，亦如宿光也。"[96]

星缠，即活架。牝梁为阴道，牡梁为阳道。次行连影，陵乘有期。

"牝梁有窍，故为阴道，牡梁有笋，故为阳道。魏数器而接架，其状如列星次行。反转失候，则淫泆冰解，故曰有期。又案：曰宿、曰星，皆指器物，比百物之气皆成星也。"[97]

津横，即荫室中之栈。众星攒聚，为章于空。

"天河，小星所攒聚也，以栈横架荫室中之空处，以列众器，其状相似也。"[98]

索予明解曰："当漆器上涂漆之时，手不可持；须先截取竹之一段，长三五寸，一端加粘蜡，与待漆之器物底部粘着，此截之竹即名蒂，工匠髹涂时，俾有持手处也。梁，指荫室中之梁架，有牝有牡。所谓牝梁，指梁架上本来凿有孔，适以纳蒂。牡梁，是于此梁柱上预先安上木椿，适可与竹筒（蒂）之空腔纳接。"[99]固定好的漆器不能随便乱动，所以谓之"动则不吉"。待干的漆器以蒂与牝梁、牡梁组合而成的活架搭配起来，为了防止漆器上所髹涂漆液往下滴漏致使漆层厚薄不均，

96. 同上，第 7 页。
97. 同上，第 8 页。
98. 同上。
99. 索予明：《蒹葭堂本髹饰录解说》，中国台北：商务印书馆，1974 年，第 13—14 页。

需要经常将牝梁、牡梁翻转。翻转的时间要有一定规律，仿如天上星宿运动有次序规律一样，所以谓之"陵乘有期"。荫室的棚栈上放满了正在干燥的漆器，犹如"众星攒聚，为章于空"。

漆器髹饰并干燥后再进行修饰及打磨。黄成将修整漆器的锉称为"电挚"：

电挚，即锉。有剑面、茅叶、方条之等。施鞭吐光，与雷同气。

"施鞭，言其所用之状，吐光、言落屑霏霏。其用似磨石，故曰与雷同气。"[100]

其用似磨石，与雷同气。黄成谓"雷同"曰：

雷同，即砖、石。有粗细之等。碾声发时，百物应出。
"髹器无不用磋磨而成者。其声如雷，其用亦如雷也。"[101]

磨砖或磨石，有粗细各等。各种漆器皆由磨砖、磨石磋磨而成，使表面得以平整光滑。在磨砺之时，其声如雷，是为"雷同"。漆器经一磨再磨能令其表面变得光彩照人。黄成将细磨的工具揩光石及桴炭称为"风吹"：

---

100. [明] 黄成：《髹饰录》，杨明注，日本蒹葭堂藏抄本，第 9 页。
101. 同上。

风吹，即揩光石并桴炭。轻为长养，怒为拔折。

"此物其用与风相似也。其磨轻，则平面光滑无抓痕，怒则棱角显灰，有玷瑕也。"[102]

《辍耕录》谓："揩光石，鸡肝石也。"[103]进一步推磨则以桴炭为之。《琴经·退光出光法》记："水杨木烧为桴炭，入瓶中唵熬，捣为末，罗过。却用黄腻石蘸水，轻手遍揩，磨去琴上蓓蕾。次以细熟布蘸灰末，用手来往揩擦光莹即止。洗拭令干，以手点麻油并新瓦灰擦拭，其光自然莹彻。"[104]此处还补充了瓦灰点油进行推磨之法，以令漆器表面更为细腻自然。

最后，每日完工后要注意清洁。黄成将清洁用的洗盆与帉称为"昼动"：

昼动，即洗盆并帉。作事不移，日新去垢。

"宜日日动作，勉其事，不移异物，而去懒惰之垢，是工人之德也。示之以汤之盘铭意。凡造漆器用力莫甚于磋磨矣。"[105]

《礼记·大学》有谓："汤之盘铭曰：苟日新，日日新，又日新。"[106]日日动作，勉其事，不移异物，而去懒惰之垢，

102. 同上，第 8 页。
103. [元] 陶宗仪：《辍耕录》，北京：中华书局，1958 年，第 376 页。
104. [明] 张大命：《太古正音》，《续修四库全书》册一〇九三，上海：上海古籍出版社，1995 年，第 441—442 页。
105. [明] 黄成著、杨明注：《髹饰录》日本蒹葭堂藏抄本，第 16 页。

是工人之德也，因而所谓"作事不移，日新去垢"。

总之，黄成以"万物类象"的手法，分别按天、时、地的次序编排各项髹具内容，而完全没有按照漆器制作的常规顺序进行内容排列，以对应于阴阳五行思想所要求的天时、地气、材美、工巧，四善和合。如此一来，作者不但回应了《乾集》卷首所谓"乾所以始生万物，而髹具工则，乃工巧之元气"的主张，还把各种髹具比拟为化育万物的天，并且将天、时以及自然、造化牢牢地连贯于一起，继而尽可能地将各种与漆器制作相关的工具及材料囊括其中。作者在此所要努力说明的是关于制作一件漆器需要使用到的材料和工具，而且这些工具、材料与"巧法造化"密切相关，并贯通于"天人合一"的观念之中。可见，在作者心目中，对这种审美意识的表达，相较于实际的漆器制作更显必要。

质则人身

"巧法造化"之中包含了天、时、地各种类象。藉此，作者将《髹饰录》中的髹具知识贯穿于"天人合一"观念所笼罩的话语体系之中。董仲舒《春秋繁露·深察名号》云："天人之际，合而为一。"[107]此源于《老子》"人法地，地法天，天法道，道法自然。"的观点。[108]杨明对"巧法造化"作注曰：

---

106. 潜苗金注译：《礼记注译》，杭州：浙江古籍出版社，2007年，第738页。

107. [汉]董仲舒：《春秋繁露》，北京：中华书局，1975年，第359页。

108. 《老子》，北京：中华书局，2006年，第63页。

"天地和同万物生，手心应得百工就。"[109]说的便是天、地、人（手、心）合而为一，以突显百工之成就。"质则人身"将天、地、人三才具体到了漆器的本体上。杨明注曰："骨肉皮筋巧作神，瘦肥美丑文为眼。"[110]其意指漆器胎质犹如人的身体。骨肉皮筋经过巧妙制作才有神绪，瘦肥美丑则经由各种装饰而传神。

"质"被比拟为"骨肉"，杨明又在《坤集》的"质法"门中注曰："质乃器之骨肉，不可不坚实也。"[111]如何达到所谓"骨肉皮筋巧作神"呢？《髹饰录》的"质法"门介绍了有关胎质的知识。"质法"的首条，黄成便记述了什么是好的胎骨：

> 棬榡，一名坯胎，一名器骨。方器有旋题者、合题者。圆器有屈木者、车旋者，皆要平、正、薄、轻，否则布灰不厚。布灰不厚，则其器易败，且有露脉之病。
>
> "又有篾胎、藤胎、铜胎、锡胎、窑胎、冻子胎、布心纸胎、重布胎，各随其法也。"[112]

黄成称漆器的胎骨为"棬榡"。《辍耕录》中说："梓人以脆松劈成薄片，于旋床上胶缝干成，名曰棬榡。"[113]"棬榡"又名为坯胎、器骨。方形的胎骨可经由旋床旋出方角再接

109. [明] 黄成：《髹饰录》，杨明，注日本蒹葭堂藏抄本，第 21 页。
110. 同上。
111. 同上。
112. 同上，第 71 页。
113. [元] 陶宗仪：《辍耕录》，北京：中华书局，1958 年，第 375 页。

合成器，也有将各块木板斗合各棱角而成方器；圆器以柔韧可屈的木片粘合成器，或以木料直接旋成圆形器。好的胎骨要做到平、正、薄、轻，否则很容易导致后面的布灰失去效果，令漆器易于败坏。另外，杨明还补充了木胎以外其他明代已有的胎骨种类，篾、藤、铜、锡、陶、布、纸等，皆各随其法。如果漆器表面有露脉现象，无论是以哪种胎骨材料制作都表明其质量不佳。

　　"桊榡"的"合缝"处要达到合格的标准，需要不留任何缝隙。黄成曰：

　　合缝，两板相合，或面、旁、底、足，合为全器，皆用法漆而加捎当。

　　"合缝粘者，皆扁绦缚定，以木楔令紧，合齐成器，待干，而捎当焉。"[114]

　　为了让胎骨的面、旁、底、足各个接合处能够紧致密闭，通常以漆、胶拌入木屑、靳絮、灰料填补空隙。以"合缝"相粘接的漆器，都用扁条绑缚固定，并且以木楔令合缝紧贴。接合成完整漆器后，待干。继而"捎当"：

　　捎当，凡器物先剦缝会之处，而法漆嵌之，及通体生漆刷之，候干，胎骨始固，而加布漆。

114.　[明]黄成：《髹饰录》，杨明注，日本蒹葭堂藏抄本，第71页。

"器面窳缺、节眼等深者，法漆中加木屑、斵絮嵌之。"[115]

"捎当"指的仅是给胎骨全体髹刷生漆，以固其质。缝合及削刮填补各处窳缺、节眼实际上属于胎骨的补缀及修整。"捎当"后，待所髹生漆干燥，再加以"布漆"：

布漆，捎当后，用法漆衣麻布，以令麴面无露脉，且棱角缝合之处不易解脱。而加垸漆。

"古有用革韦衣，后世以布代皮，近俗有以麻筋及厚纸代布，制度渐失矣。"[116]

"布漆"，即以漆裱布于胎骨之上。以漆胶麻布于胎骨表面，以使麴面不致露脉，胎骨的合缝处也不易于解散脱离。布漆干后，就可以进行垸漆了：

垸漆，一名灰漆。用角灰、磁屑为上，骨灰、蛤灰次之，砖灰、坏屑、砥灰为下。皆筛过，分粗、中、细，而次第布之如左。灰毕而加糙漆。

"用坏屑、枯木炭，和以厚糊、猪血、藕泥、胶汁等者，今贱工所为，何足用。又有鳗水者胜之。鳗水即灰膏子也。

第一次粗灰漆。

---

115. 同上，第 72 页。
116. 同上。

要薄而密。

第二次中灰漆。

要厚而均。

第三次作起棱角，补平窊缺。

共享中灰为善，故在第三次。

第四次细灰漆。

要厚薄之间。

第五次起线缘。

蜃窗边棱为线缘或界缬者，于细灰磨了后，有以起线堆起者，有以法灰漆为缕粘络者。"[117]

"垸漆"，即是灰漆。角灰及瓷粉是上上之选，骨灰、蛤灰差一些，砖灰、瓦屑、砥灰又次之。每种灰料经筛过后分为粗、中、细数等。每等灰料混合漆液后，按粗、中、细顺序刮于胎骨上。第一道是粗灰漆，要做到薄而密；干后上第二道中灰漆，要做到厚而均；干后再以中灰漆刮起胎骨棱角以及补平窊缺；干后刮第四道细灰漆，要做到厚薄得宜；干后以细灰打磨过后合漆堆起线缘，也有用灰漆搓成丝缕状粘络于胎表的。起线缘除了以令漆胎表面起出边缘廓界之外，也可为漆器针对防潮、贮水堆起"漆际"：

漆际，素器贮水，书匣防湿等用之。

---

117. 同上，第 73 页。

"今市上所售器，漆际者多不和斩絮，唯垸际漆界者，易解脱也。"[118]

在"垸漆"时堆起的"漆际"里必须掺以斩絮或布在内，否则就会极易解散松脱。

至此，黄成介绍了"垸漆"的标准步骤，依此可获得优良的灰漆效果。另外，杨明还提到以灰膏来进行"垸漆"的方法，此法被名为"鳗水"。陶宗仪《辍耕录》记："鳗水，好桐油煎沸，以水试之，看躁也，方入黄丹腻粉无名异。煎一滚，以水试，如蜜之状，令冷。油水各等分，杖棒搅匀，却取砖灰一分，石灰一分，细麦一分，和匀。以前项油水搅和调粘灰器物上，再加细灰，然后用漆。"[119]相比之下，"鳗水"之法不如黄成"垸漆"之法。此外，杨明还列举出了不良的灰漆制作，以坏屑、枯木炭混合厚糊、猪血、藕泥、胶汁等等，皆贱工所为，不堪耐用。

"垸漆"以后"糙漆"：

糙漆,以之实垸，腠滑灰面，其法如左。糙毕而加魏漆为文饰，器全成焉。

第一次灰糙。

"要良厚而磨宜正平。"

第二次生漆糙。

118.　同上，第 74 页。
119.　[元] 陶宗仪：《辍耕录》，北京：中华书局，1958 年，第 376 页。

"要薄而均。"

第三次煎糙。

"要不为皱斮。"

"右三糙者，古法，而髹琴必用之。今造器皿者，一次用
生漆糙，二次用曜糙而止。又者赤糙、黄糙，又细灰后以生漆
擦之代一次糙者，肉愈薄也。" [120]

"糙漆"，即在灰漆面上糙漆，使漆侵入灰漆层，以之实
垸，膝滑灰面。第一道为灰糙，要厚，干后打磨平整；第二道
生漆糙，要薄且均匀；第三道煎糙，要注意不要产生漆皱。杨
明补充说，这三道"糙漆"是为古法，古琴髹饰必用此法；另
外，还道出了其时髹饰器皿质地越来越薄的原因，是因其只用
生漆糙及曜糙二道，或甚至仅以生漆代之为一道漆糙所致。

"糙漆"完毕待干燥后，就可以髹漆为纹饰了，具有品质
的漆器便是如此逐步完善而成。所谓"骨肉皮筋巧作神"，其
中"棬榡"被比拟为"骨"，"布漆"被比拟为"筋"，"垸
漆"被比拟为"肉"，"糙漆"被比拟为"皮"。由此，黄成
将漆器的本质比拟为人的身体，是为"质则人身"。比较特别
的是，《髹饰录》中的"裹衣""单素"两门。它们的制作
有别于以上所提到的胎器加工步骤。关于"裹衣"，杨注谓：
"以物衣器而为质，不用灰漆者"，[121]所说的是不作布漆、垸
漆、糙漆步骤，而直接以皮、罗或纸包裹胎骨：

---

120. ［明］黄成：《髹饰录》，杨明注，日本蒹葭堂藏抄本，第74页。

皮衣。皮上糙魏，二髹而成，又加文饰。用薄羊皮者，棱角接合处，如无缝緎，而漆面光滑。又用谷纹皮亦可也。

"用谷纹皮者不宜描饰，唯色漆三层，而磨平，则随皮皱露色为斑纹，光华且坚而可耐久矣。"

罗衣。罗目正方，灰緎平直为善。灰緎必异色，又加文饰。

"灰緎，以灰漆压器之棱，缘罗之边端而为界域者。又加文饰者，可与复饰第十三罗纹地诸饰互攻。又等复色数迭而磨平为斑纹者，不作緎亦可。"

纸衣。贴纸三四重，不露坯胎之木理者佳。而漆漏燥或纸上毛茨为纇者，不堪用。

"是韦衣之简制，而裱以倭纸薄滑者好，且不易败也。" [122]

作者提到了裹衣后的装饰处理方法，因而也被视为《坤集》中漆器装饰工艺的一类。

相较于"裹衣"，"单素"就更可以说是一个装饰门类了。杨注谓："单素。榡器一髹而成者"，此亦不经布、垸、糙等程序，仅以单色漆液髹涂一遍捲榡胎器的表面就完成了，也不施任何装饰。例如：

单漆。有合色漆及髹色，皆漆饰中尤简易而便急也。

"底法不全者，漆燥暴也。今固柱梁多用之。"

121.　同上，第 67 页。
122.　同上，第 68 页。

单油。总同单漆而用油色者。楼门扉窗，省工者用之。

"一种有错色重圈者，盆盂裸合之类。皿底、合内多不漆，皆坚木所车旋，盖南方所作，而今多效之，亦单油漆之类，故附于此。"

黄明单漆。即黄底单漆也。透明鲜黄光滑为良。又有罩漆墨画者。

"有一髹而成者、数泽而成者。又画中或加金，或加朱。又有揩光者，其面润滑，木理灿然。宜花堂之瓶卓也。"

罩朱单漆。即赤底单漆也。法同黄明单漆。

"又有底后为描银，而如描金单漆者。"[123]

虽然"裹衣"与"单素"有异于一般的漆器制胎步骤，但他们依然在"骨肉皮筋"的范畴之内。至此，作者将各种髹具、材料囊括一身以尽"天、时、地利"，能"巧法造化"，所制漆器"质则人身"，融"天人合一"的观念将各项与胎质相关的知识组合起来。

《春秋繁露·人副天数》所谓："形体骨肉，偶地之厚也；上有耳目聪明，日月之象也；体有空窍理脉，川谷之象也；心有哀乐喜怒，神气之类也；观人之体，一何高物之甚，而类于天也。"[124]人的身体与天相应，黄成受此影响而将之附会于漆器的设计制作原理之中。"质则人身"实际上表明，虽然漆器的胎质就像人的骨肉皮筋那样埋藏在各种纹饰外表之下

123. 同上，第 69 页。

不可见，但骨肉皮筋却能体现出漆器制作的精神，如未能巧作
其骨肉皮筋，致其胎质不坚不实，何能得宜！

"天人合一"的观念之于漆器制作的意义重在表明：必须具
有良好的内在条件，方可造就一件优良的漆器。并且，漆器外在
形态的肥瘦也与美丑密切相关。前面在"糙漆"条中所提及"肉
愈薄"的原因便是将三道工序缩减为一道所致。内部胎质没有足
法炮制，自然影响到漆器外表的肥瘦以及美丑。装饰于漆器表面
的各种"文象"就正如人眼能体现其精神那样能够反映出漆器的
内在状况。因而，一件漆器的制作从内在的"胎质"开始到外在
的"文象"都必须一丝不苟地面对。

文象阴阳

前述所谓"瘦肥美丑文为眼"谈及的已不仅是漆器内在的
"胎质"，而是漆器外表的"文象"。杨明在"三法"的注释
中云："文质者，髹工之要道也。"[125]在中国的古典美学中，
"文质"亦是一对常见术语。《论语·雍也》所谓："质胜文
则野，文胜质则史，文质彬彬，然后君子。"[126]其中的"文"
字，其表面意思指纹理、色彩，延伸意义为对象的形式外观，
以至文章、文学或文化，在《论语》中的"文"就具有外在形
式美的含义。[127]在与"文"共用时，"质"往往指的是事物的内
在本质，继而可延伸为内在，以至内容，在《论语》中的"质"

---

124. ［汉］董仲舒：《春秋繁露》，北京：中华书局，1975 年，第 440 页。
125. ［明］黄成：《髹饰录》，杨明注，日本蒹葭堂藏抄本，第 21 页。
126. 《论语》，北京：中华书局，2006 年，第 78 页。

还可看作伦理、道德。"文质彬彬"正是表达了内在本质与外在形式配合得宜的儒家美学取向。"骨肉皮筋巧作神，瘦肥美丑文为眼。"骨肉皮筋是为"质"，肥瘦美丑是为"文"，二者关系就犹如神与眼，需表里如一、相互协调。

《髹饰录·坤集》卷首云："质为阴，文为阳；文亦有阴阳：描饰为阳，……而其象凸，故为阳；雕饰为阴，……而其象凹，故为阴。"[128]其中便将漆器的外部装饰比作与胎质的"质"相应的"文"，"象"则是指纹饰中的各种"形状"。黄成将漆器外表髹饰的方法归纳为"文象阴阳"，"文象"即"纹理"，"色彩"以及"形状"之意。杨明注"文象阴阳"曰："定位自然成凸凹，生成天质见玄黄。"[129]"阴阳"与"凸凹"，"玄黄"相通，意谓漆器的纹饰设计需要顺应阴阳和谐之道，达到凹凸有致，犹如天生丽质。

关于漆器纹饰设计的用色方面，早在《髹饰录·乾集》里，作者便列出了所采用的各种色料：银朱、丹砂、绛矾、赭石、雄黄、雌黄、靛花、漆绿、石青、石绿、诏粉、烟煤之等。杨明注之曰："五色鲜明，如瑞云聚成花叶者。"[130]"五色"是古代中国五行色彩学的一般规律。《书·益稷》云："以五采彰施於五色，作服，汝明。"孙星衍疏曰："五色，东方谓之青，南方谓之赤，西方谓之白，北方谓之黑，天谓之玄，地谓之黄，玄出於

---

127. Peter K. Bol, This Culture of Ours: Intellectual Transitions in T'ang and Sung China, Stanford: Stanford University Press, 1992. p. 85.

128. [明]黄成：《髹饰录》，杨明注，日本蒹葭堂藏抄本，第32页。

129. 同上，第21页。

130. 同上，第10页。

黑，故六者有黄无玄为五也。"[131]

　　其时漆器设计所用色彩不下五六种。在《髹饰录·坤集》的"质色"门中记及的各种单色漆器就有黑髹、朱髹、黄髹、绿髹、紫髹、褐髹、金髹诸种。而且每类之下又有细分，例如"褐髹"，又有"紫褐、黑褐、茶褐、荔枝色之等"。[132]这就正如《淮南子·原道训》中所谓："色之数不过五，而五色之变，不可胜观也。"[133]对于中国人而言，五是一个较为易于把握的计量单位，这导致人们将主观认识中的"五方"与"五色"产生联系，并逐渐催生出那种把各种纷纭事物区分为五类的思想，五行学说的包罗万象盖滥觞于此。并且，"至迟在春秋之世，人们已习惯把各种现象归结为'五'与'类'，并且在其意识中，'五'这一数字仿佛具有把一切事物统摄起来之魔力。"[134]《髹饰录》中屡屡提到的所谓"五彩"，其中的"五"所表述的其实是指众、多。《老子》五十三章云："服文采。"[135]"采"，王弼本作"綵"，即（织物）花纹、颜色。《考工记》所谓"五彩备谓之绣"，[136]便泛指（织物）各种色彩。

　　古代中国人习惯将颜色分为"正色"与"间色"两类。"正色"是指纯粹意义上的"五色"，即青、黄、赤、白、黑

131.　[清]阮元校刻：《十三经注疏》，北京：中华书局，1980年，第141—142页。

132.　[明]黄成：《髹饰录》，杨明注，日本蒹葭堂藏抄本，第35页。

133.　[汉]刘向：《淮南鸿烈解》，高秀注，《景印文渊阁四库全书》册八四八，中国台北：台湾商务印书馆，1986年，第515页。

134.　颜勇：《魏晋以前中国色彩观析论》，范景中、曹意强、刘赦主编：《美术史与观念史》（第七卷），南京：南京师范大学出版社，2011年，第80—108页。

135.　《老子》，北京：中华书局，2006年，第128页。

136.　张道一注译：《考工记注译》，西安：陕西人民美术出版社，2004年，第224页。

五种单一的色彩；"间色"则是绿、红、碧、紫、骝黄，是两种以上颜色混合的杂色。《礼记·玉藻》有谓："衣正色，裳闲色。"郑玄注曰："谓冕服玄上纁下。"孔颖达疏曰："玄是天色，故为正；纁是地色，赤黄之杂，故为闲色。皇氏云：'正谓青、赤、黄、白、黑五方正色也；不正，谓五方闲色也，绿、红、碧、紫、骝黄是也。'"[137]此色彩观在此后千百年继续流行，明人杨慎《丹铅总录·订讹类·五行间色》曰："五行之理有相生者，有相克者，相生者为正色，相克者为间色。……木色青，故青者东方也；木生火，其色赤，故赤者南方也；火生土，其色黄，故黄者中央也；土生金，其色白，故白者西方也；金生水，其色黑，故黑者北方也，此五行之正色也。甲已合为绿，则绿者青黄之杂，以木克生故也，已庚合而为碧，则碧者青白之杂，以金克木故也，丁壬合而为紫，则紫者赤黑之杂，以土克水故也，此五行之闲色也。"[138]

　　无独有偶，与古希腊的"四元素说"相应，又有所谓黑、白、红、黄的"四色说"。亚里士多德还特别列举过五种中性色——猩红、紫、韭葱绿、深蓝和灰或黄。[139]但到了古罗马之时，这种观念已经发生了变化。这可从普林尼（Gaius Plinius Secundus）的记述中看到。[140]然而，在古代中国，直至清代，五

---

137. ［清］阮元校刻：《十三经注疏》，北京：中华书局，1980年，第1477页。

138. ［明］杨慎：《丹铅总录》，《景印文渊阁四库全书》册八五五，中国台北：台湾商务印书馆，1986年，第480—481页。

139. John Gage, Color and Culture: Practice and Meaning from Antiquity to Abstraction, California: University of California Press, 1999. pp. 11-12.

140. Pliny the elder, tr. John F. Healy, Natural History: a selection, London: Penguin Books, 1991. pp. 331-332.

行相生相胜而来的丰富色彩观一直是最为普遍的色彩学认识。《髹饰录》不但在修辞手法上继承了中国古老的传统色彩观念，而且在漆器色彩设计方面又遵从了相生相胜的审美理想。在《乾集》的"利用"门"霧笼"条下，杨明注曰："朱髹、黑髹，即阴阳之色。"在此，朱、黑二色与阴阳相称。而杨氏此处所谓朱髹与黑髹指的是漆器的底色。此二色又在明代乃至历代漆器中最为常见。各种漆色常与朱、黑二色漆相配髹饰于漆器表面，例如《坤集》的"描饰"门"描漆"条便记谓：

　　描漆。一名描华。即设色画漆也。其文各物备色，粉泽灿然如锦绣，细钩皴理以黑漆，或划理。又有彤质者，先以黑漆描写，而后填五彩。又有各色干着者，不浮光。以二色相接为晕处多，为巧。

　　"若人面及白花、白羽毛，用粉油也。填五彩者，不宜黑质，其外匡朦胧不可辨，故曰彤质。又干着，先漆象，而后傅色料，以湿漆设色，则殊雅也。金钩者见于斒斓门。"[141]

　　朱漆底、黑漆里、填五彩，阴阳之色与五彩相生相胜，这与明人张介宾在《类经图翼》中所谓"五行即阴阳之质，阴阳即五行之气，气非质不立，质非气不行，行也者，所以行阴阳之气也"，[142]有着异曲同工之妙。

141.　[明]黄成：《髹饰录》，杨明注，日本兼葭堂藏抄本，第40页。
142.　[明]张介宾：《类经图翼》，《景印文渊阁四库全书》第七七六册，中国台北：台湾商务印书馆，1986年，第696页。

不但在色彩的设计方面，《髹饰录》中有关漆器纹饰设计的纹理方面同样充盈着阴阳调合为根本的审美观念。例如《坤集》的"描饰"门"描金"条所记：

描金。一名泥金画漆。即纯金花文也。朱地黑质共宜焉。其文以山水、翎毛、花果、人物故事等，而细钩为阳，疏理为阴，或黑漆理，或彩金像。

"疏理其理如刻，阳中之阴也。泥、薄金，色有黄、青、赤，错施以为像，谓之彩金像。又加之混金漆，而或填或晕。"[143]

又如《坤集》的"阳识"门"识文"条记：

识文。有平起，有线起。其色有通黑，有通朱。共文际忌为连珠。

"平起者用阴理，线起者阳文耳。堆漆以漆写起，识文以灰堆起。堆漆文质异色，识文花地纯色。以为殊别也。连珠见于匏漆六过之下。"[144]

又《坤集》的"戗斓"门"戗金细钩描漆"条：

鎗金细钩描漆。同金理钩描漆，而理钩有阴阳之别耳。又

143. ［明］黄成：《髹饰录》，杨明注，日本蒹葭堂藏抄本，第40页。
144. 同上，第46页。

有独色象者。

   "独色象者，如朱地黑文、黑地黄文之类，各色互用焉。" [145]

"纹龊"门"刻丝花"条谓：

   刻丝花。五彩花文如刺丝。花色、地文共纤细为妙。
   "刷迹作花文，如红花、黄果、绿叶、黑枝之类。其地或纤刷丝，或细蓓蕾。其色或紫或褐，华彩可爱。" [146]

   纹理设计有着"文""地"之别，这两方面也可视为一种"图—底"[figure-ground]关系，他们之间的经营便是一种微妙的"阴阳"之道。同时，这种经营又是变化多端的，如"填嵌"门"填漆"条所记：

   填漆。即填彩漆也。磨显其文，有干色，有湿色，妍媚光滑。又有镂嵌者，其地锦绫细文者，愈美艳。
   "磨显填漆，龊前设文，镂嵌填漆，龊后设文。湿色重晕者为妙。又一种有黑质红细纹者，其文异禽怪兽，而界郭空闲之处皆为罗文、细条、縠绉、栗斑、迭云、藻蔓、通天花儿等纹，甚精致。" [147]

---

145. 同上，第 61 页。
146. 同上，第 37 页。
147. 同上，第 42 页。

又如"绮纹填漆"及"彰髹"条所说：

绮纹填漆。即填刷纹也。其刷纹黑，而间隙或朱、或黄、或绿、或紫、或褐。又文质之色互相反亦可也。

彰髹。即斑文填漆也。有迭云斑、豆斑、栗斑、蓓蕾斑、晕眼斑、花点斑、秾花斑、青苔斑、雨点斑、彣斑、彪斑、玛瑙斑、犀花斑、鱼鳞斑、雉尾斑、绉縠纹、石绉纹等，彩华缤然可爱。

"有加金者，璀璨眩目，凡一切造物，禽羽、兽毛、鱼鳞、介甲，有文彰者皆象之。而极仿模之工，巧为天真之文，故其类不可穷也。"[148]

各种肌理经常被作为漆器纹样的装饰衬托。对于漆器设计而言，"底"又有"间"的区别，"图—框"[figure-frames]的图案设计原理在此同样适用。

"纹间"门各条便述及了"文""间"的运用：

鎗金间犀皮。即攒犀也。其文宜折枝花、飞禽、蜂、蝶，及天宝、海珍图之类。

"其间有磨斑者，有钻斑者。"

款彩间犀皮。似攒犀而其文款彩者。

"今谓之款文攒犀。"

---

148. 同上，第 43 页。

嵌蚌间填漆。填漆间螺钿。右二饰，文间相反者，文宜大花，而间宜细锦。

"细锦复有细斑地、绮纹地也。"

填蚌间戗金。钿花文鎗细锦者。

"此制文间相反者不可。故不录焉。"

嵌金间螺钿。片嵌金花，细填螺锦者。

"又有银花者，有金银花者，又有间地沙蚌者。"

填漆间沙蚌。间沙有细粗疏密。

"其间有重色眼子斑者。"[149]

无论是"文""地"，还是"文""间"，阴阳之道皆贯穿其中。至于对各款肌理表现的掌控就更为复杂玄妙了，这就正如漆色的调配那样，会随着季节气候的变化、调料采取的比例、设备运用的差异、技术熟练的程度……导致最终的效果每有不同。

在《髹饰录》作者的心目中，漆器作为一件人造物，其表面的图纹、肌理、成色的设计，往往在其欣赏过程中被视为美丽与否的焦点。但是，作者所一再强调的却是漆器由内至外浑然天成的设计品质。同时，外在的"文象"又是内在品质的反映。一切处于外部的图案、纹理、色彩等视觉效果，其设计又是一种"触觉"的体现。

在李格尔（Alois Riegl）著名的"触觉—视觉"[hapisch —

---

149. 同上，第66—67页。

optisch]理论里，人在感知艺术品之时，触觉被认为是极具重要性的。[150]而且，仅靠感官知觉还不够，还需要复杂的思维和经验的参与。[151]贡布里希（E. H. Gombrich）曾专门讨论过艺术的知觉心理学，并针对装饰设计的原理，阐述了人类热衷于装饰的知觉心理源自于一种与生俱来的"秩序感"[sense of order]。[152]秩序感与直觉及韵律密切相关，它甚至可视之为在设计与知觉理论之间作出的一种极为睿智的诠释，在"得宜"的抽象认识上获得平衡。然而，对图案设计的理解也并非知觉心理学所专属，何况对于漆器的设计而言，除了图案、肌理、色彩之外，漆器制作的材料、设备、制作程序以及漆工的知识，甚至是所处的社会状况都会对整件作品的设计与生产产生影响。

　　乔迅（Jonathan Hay）近来有关中国装饰设计的研究便避开了知觉心理学的研究道路而另辟蹊径。[153]在讨论晚明奢侈工艺品的装饰之时，乔氏将漆器的装饰也归为所谓"感性的表面"[sensuous surface]。他从各种装饰物品或奢侈用具的"表面景观"[surfacescape]出发，分析了装饰与物品之间的关系，进而深入地揭示了明末清初玩物怡情的触觉空间。他认为"若能慎重地看待装饰的话，能唤起艺术所具备的生态维度，而不仅

150.　Alois Riegl, tr. Rolf Winkes, Late Roman Art Industry, Roma: G. Bretschneider, 1985. p. 22.

151.　Mark Paterson, The Senses of Touch: Haptics, Affects and Technologies, New York: Berg Publisher, 2007. pp. 85-86.

152.　E. H. Gombrich, The Sense of Order: A Study in the Psychology of Decorative Art, London: Phaidon Press, 1979.

153.　Jonathan Hay, Sensuous Surfaces: The Decorative Object in Early Modern China, London: Reaktion Book, 2010. p. 387.

仅是一种社交实践。"[154]这意味着包括漆艺设计在内，各种装饰实际上犹如一种社会编码，其设计与运用都有着更为深层的内在关系并贯穿于层层表面环节之中。[155]

就《髹饰录》有关漆器制作所要求的知识记录而言，虽然并未在纸上说明，但却无处不在地反映出"天人合一""阴阳得宜"的设计观。这种观感又恰好反过来，于书中各处制约着种种漆艺知识的组织。由此可知，这种思想观念在晚明时代不但掌控着当时的漆艺生产与制作，而且在认识论的层面上又由其时的漆艺实践所维系。并且，《髹饰录》无论是对于制作漆器的工匠还是鉴赏漆器的顾主来说，他们之间必然在漆器设计观念上存在着一种紧密的联系。在漆器设计实践方面，即便各自的意图不同、处境不一，却在审美经验与情趣方面共享着一种"联动思维"[connective thinking]，在各自背景有异的情况下展开设计上的互动，共同影响着当时的漆艺设计实践。

三、明澈的分类

《髹饰录》在归纳各种漆艺类型方面有条不紊，读者经此书的陈述得以对各类漆器的特点一目了然。作者将由阴阳思想所衍生出的修辞手段运用于对如此纷繁众多的漆艺知识进行组织，对此种种自然是了然于心。对汇集于《髹饰录》中庞杂的

---

154. 同上。
155. 同上，第84—89页。

漆艺知识进行清晰地瞭读并能快速地掌握其中原理，最为直接
的办法便是按照各项知识的异同进行分类罗列。

属阴为质：质色、罩明、填嵌、戗划、雕镂

《髹饰录》的作者费尽心思以阴阳思想进行谋篇布局，
因而各种收纳于文中的漆艺知识基本上被框定在此体系之内，
归入不同的类型划分之中。"质色""罩明""填嵌""戗
划""雕镂"诸门便被归为"阴"的类型。黄成所谓："凡髹
器，质为阴，文为阳；文亦有阴阳：描饰为阳，描写以漆，
漆木汁也，木所生者火，而其像凸，故为阳；雕饰为阴，雕
镂以刀，刀黑金也，金所生者水，而其像凹，故为阴。此以各
饰众文皆然矣。"[156]杨明的注释清晰地表明了分类的依据，所
谓"纯素无文者，属阴以为质者"，即在胎器上进行髹涂而不
施纹饰，因而质色属于"阴"；而"罩明"其"罩漆如水之
清"，故而也属"阴"：

质色。
"纯素无文者，属阴以为质者，列在于此。"
黑髹，一名乌漆，一名玄漆，即黑漆也。正黑光泽为佳。
揩光要黑玉，退光要乌木。
"熟漆不良，糙漆不厚，细灰不用黑料，则紫黑。若古
器，以透明紫色为美。揩光欲黼滑光莹，退光欲敦朴古色。近

156.　[明] 黄成:《髹饰录》，杨明注，日本蒹葭堂藏抄本，第32页。

来揩光有泽漆之法，其光滑殊为可爱矣。"

朱髹，一名朱红漆，一名丹漆，即朱漆也。鲜红明亮为佳，揩光者其色如珊瑚，退光者朴雅。又有矾红漆甚不贵。

"髹之春暖夏热，其色红亮；秋凉，其色殷红；冬寒，乃不可。又其明暗在膏漆、银朱调和之增减也。倭漆窃丹带黄。又用丹砂者，暗且带黄。如用绛矾，颜色愈暗矣。"

黄髹，一名金漆，即黄漆也。鲜明光滑为佳。揩光亦好，不宜退光。共带红者美，带青者恶。

"色如蒸粟为佳，带红者用鸡冠雄黄，故好。带青者用姜黄，故不可。"

绿髹，一名绿沉漆，即绿漆也，其色有浅深，总欲沉。揩光者，忌见金星，用合粉者，甚卑。

"明漆不美，则色暗，揩光见金星者，料末不精细也。臭黄韶粉相和，则变为绿，谓之合粉绿，劣于漆绿大远矣。"

紫髹，一名紫漆，即赤黑漆也。有明暗浅深，故有雀头、栗壳、铜紫、骍毛、殷红之数名，又有土朱漆。

"此数色皆因丹黑调和之法，银朱、绛矾异其色，宜看之试牌，而得其所。又土朱者，赭石也。"

褐髹，有紫褐、黑褐、茶褐、荔枝色之等。揩光亦可也。

"又有枯瓠、秋叶等，总依颜料调和之法为浅深，如紫漆之法。"

油饰，即桐油调色也。各色鲜明，复髹饰中之一奇也。然不宜黑。

"比色漆则殊鲜研，然黑唯宜漆色，而白唯非油则无应矣。"

金髹,一名浑金漆,即贴金漆也。无癜斑为美。又有泥金漆,不浮光。又有贴银者,易霉黑也。黄糙宜于新,黑糙宜于古。

"黄糙宜于新器者,养宜金色故也。黑糙宜于古器者,其金处处摩残黑斑,以为雅赏也。癜斑,见于贴金二过之下。"157

罩明。

"罩漆如水之清,故属阴。其透彻底色明于外者,列在于此。"

罩朱髹。一名赤底漆。即赤糙罩漆也。明彻紫滑为良,揩光者佳绝。

"揩光者,似易成,却太难矣。诸罩漆之巧,更难得耳。"

罩黄髹。一名黄底漆。即黄糙罩漆也,糙色正黄,罩漆透明为好。

赤底罩厚为佳,黄底罩薄为佳。

罩金髹。一名金漆。即金底漆也。光明莹彻为巧,浓淡点晕为拙。又有泥金罩漆,敦朴可赏。

"金薄有数品,其次者用假金薄或银薄。泥金罩漆之次者,用泥银或锡末,皆出于后世之省略耳。浓淡点晕,见罩漆之二过。"

洒金。一名砂金漆。即撒金也。麸片有细麤,擦敷有疏密,罩髹有浓淡。又有斑洒金,其文云气、漂霞、远山、连钱等。又有用麸银者。又有揩光者,光莹眩目。

157.　同上,第33—36页。

"近有金银薄飞片者甚多，谓之假洒金。又有用锡屑者，又有色糙者，共下卑也。"[158]

实际上，"质色"与"罩明"两门效果皆是纯素无纹，作法也接近。不同之处在于，前者是素髹糙漆，后者则是罩透明漆，用漆不同，厚薄有别。另外，"质色"门中有"油饰"条，以桐油调色进行素髹，宜鲜色不宜深色，尤其是白色，因为大漆色酱黄（透明漆亦是）影响色相，而桐油调配显白，而"罩明"门中则有"洒金"条，专指洒金罩透明漆。

同属"阴"一类的"填嵌""戗划""雕镂"在手法上更为接近，皆与雕刻技艺相关：

填嵌。
"五彩金钿，其文陷于地，故属阴，乃列在于此。"
填漆。即填彩漆也。磨显其文，有干色，有湿色，妍媚光滑。又有镂嵌者，其地锦绫细文者，愈美艳。
"磨显填漆，髹前设文，镂嵌填漆，髹后设文。湿色重晕者为妙。又一种有黑质红细纹者，其文异禽怪兽，而界郭空闲之处皆为罗文、细条、縠绉、栗斑、迭云、藻蔓、通天花儿等纹，甚精致。其制原出于南方也。"
绮纹填漆。即填刷纹也。其刷纹黑，而间隙或朱、或黄、或绿、或紫、或褐。又文质之色互相反亦可也。

---

158. 同上，第 38 页。

"有加圆花纹或天宝海珍图者，又有刻丝填漆，与前之刻丝花可互考矣。"

彰髹。即斑文填漆也。有迭云斑、豆斑、栗斑、蓓蕾斑、晕眼斑、花点斑、秾花斑、青苔斑、雨点斑、彣斑、彪斑、璚瑁斑、犀花斑、鱼鳞斑、雉尾斑、绉縠纹、石绺纹等，彩华瑸然可爱。

"有加金者，璀璨眩目，凡一切造物，禽羽、兽毛、鱼鳞、介甲，有文彰者皆象之。而极仿模之工，巧为天真之文，故其类不可穷也。"

螺钿。一名蜔嵌，一名陷蚌，一名坎螺。即螺填也。百般文图，点、抹、钩、条，总以精细密致，如画为妙。又分截壳色，随彩而施缀者，光华可赏。又有片嵌者，界郭理皴，皆以划文。又近有加沙者，沙有细粗。

"壳片古者厚，而今者渐薄也。点、抹、钩、条，总五十有五等，无所不足也。壳色有青、黄、赤、白也。沙者，壳屑，分粗、中、细，或为树下苔藓，或为石面皴文，或为山头霞气，或为汀上细沙。头屑极粗者，以为冰裂文，或石皴亦用。凡沙与极薄片，宜磨显揩光，其色熠熠。共不宜朱质矣。"

衬色蜔嵌。即色底螺钿也。其文宜花鸟草虫，各色莹彻焕然，如佛朗嵌。又加金银衬者，俨似嵌金银片子，琴徽用之亦好矣。

"此制多片嵌划理也。"

嵌金、嵌银、嵌金银。右三种，片、屑、线各可用。有纯施者，有杂嵌者，皆宜磨现揩光。

"有片嵌、沙嵌、丝嵌之别，而若浓淡为晕者，非屑则不能作也。假制者，用鍮、锡，易生霉气，甚不可。"

犀皮。或作西皮或犀毗。文有片云、圆花、松鳞诸斑。近有红面者。共光滑为美。

"摩窊诸斑。黑面、红中、黄底为原法，红面者，黑为中，黄为底。黄面，赤黑互为中、为底。"[159]

"其文陷于地"即以各种雕刀、刻刀工具在漆胎上雕刻出凹陷的图纹，在凹陷处填入或嵌入各种装饰料类。这些材料包括色漆、螺钿、金银线、片、屑，等等。各种颜色的填漆可以是刻填，也可以是堆填，"绮纹填漆""犀皮"便是。"螺钿""衬色蜔嵌"也有不作凹纹而直接贴附于器表的，钿片则高出于漆面。"戗划"门则必须经以利器，或刀、或针，在漆面划出凹痕，再在凹处填入金、银或彩漆：

鎗划。

"细镂嵌色，于文为阴中阴者，列在于此。"

鎗金。鎗或作戗，或作创。一名镂金。鎗银。朱地黑质共可饰。细钩纤皴，运刀要流畅而忌结节，物象细钩之间，一一划刷丝为妙。又有用银者，谓之鎗银。

"宜朱黑二质，他色多不可。其文陷以金薄，或泥金，用银者，宜黑漆，但一时之美，久则霉暗。余间见宋元之诸器，

---

159. 同上，第 42—46 页。

希有重漆划花者；戗迹露金胎或银胎文图灿烂分明也。鎗金银之制，盖原于此矣。结节见于鎗划二过下。"

鎗彩。刻法如鎗金，不划丝。嵌色如款彩，不粉衬。

"又有纯色者，宜以各色称焉。"160

"戗划"的特色是细镂，在器表质色上嵌色，因而谓之"阴中阴"。而"雕镂"门则是在髹层中进行再雕镂，因而谓之"阴中有阳"：

雕镂。

"雕刻为隐现，阴中有阳者，列在于此。"

剔红。即雕红漆也。髹层之厚薄、朱色之明暗，雕镂之精粗，大甚有巧拙。唐制多印板刻平锦，朱色，雕法古拙可赏。复有陷地黄锦者。宋、元之制，藏锋清楚，隐起圆滑，纤细精致。又有无锦文者，共有像旁刀迹见黑线者，极精巧。又有黄锦者、黄地者次之。又矾胎者不堪用。

"唐制如上说，而刀法快利，非后人所能及。陷地黄锦者，其锦多似细钩云，与宋、元以来之剔法大异也。藏锋清楚，运刀之通法。隐起图滑，压花之刀法。纤细精致，锦纹之刻法。自宋、元至国朝，皆用此法。古人积造之器，剔迹之红间露黑线一、二带；一线者，或在上、或在下；重线者，其间相去或狭或阔无定法，所以家家为记也。黄绵，黄地亦可赏。

---

160. 同上，第56—57页。

矾胎者，矾朱重漆，以银朱为面，故剔迹殷暗也。又近琉球国产，精巧而鲜红，然而工趣去古甚远矣。"

金银胎剔红。宋内府中器，有金胎、银胎者，近日有鍮胎、锡胎者，即所假效也。

"金银胎，多文间见其胎也。漆地刻锦者，不漆器内。又通漆者，上掌则太重。鍮锡胎者多通漆。又有磁胎者、布漆胎者，共非宋制也。"

剔黄。制如剔红而通黄。又有红地者。

"有红锦者，绝美也。"

剔绿。制与剔红同而通绿，又有黄地者、朱地者。

"有朱锦者、黄锦者、殊华也。"

剔黑。即雕黑漆也。制比雕红则敦朴古雅。又朱锦者，美甚。朱地、黄地者次之。

"有锦地者、素地者，又黄锦、绿锦、绿地亦有焉，纯黑者为古。"

剔彩。一名雕彩漆。有重色雕漆，有堆色雕漆。如红花、绿叶、紫枝、黄果、彩云、黑石，及轻重雷文之类，绚艳悦目。

"重色者，繁文素地，堆色者，疏文锦地，为常具。其地不用黄黑二色之外，侵夺压花之光彩故也。重色俗曰横色，堆色俗曰竖色。"

复色雕漆。有朱面，有黑面，共多黄地子，而镂锦纹者少矣。

髹法同剔犀，而错绿色为异。雕法同剔彩，而不露色为异也。

堆红。一名罩红。即假雕红也。灰漆堆起，朱漆罩覆，故有其名。又有木胎雕刻者，工巧愈远矣。

"有灰起刀刻者，有漆冻脱印者。"

堆彩。即假雕彩也。制如堆红，而罩以五彩为异。

今有饰黑质，以各色冻子隐起团堆，朾头印划不加一刀之雕镂者，又有花样，锦纹，脱印成者。俱名堆锦。亦此类也。

剔犀。有朱面，有黑面，有透明紫面。或乌间朱线，或红间黑带，或雕鸓等复，或三色更迭。其文皆疏刻剑环、绦环、重圈、回文、云钩之类。纯朱者不好。

"此制原于锥毗，而极巧精，致复色多，且厚用款刻，故名。三色更迭，言朱、黄、黑错重也。用绿者非古制。剔法有仰瓦，有峻深。"

镶蜔。其文飞、走、花果、人物百象，有隐现为佳。壳色五彩自备，光耀射目，圆滑、精细、沉重、紧密为妙。

"壳色：钿螺、玉瑵、老蚌等之壳也。圆滑精细，乃刻法也。沉重紧密，乃嵌法也。"

款彩。有漆色者，有油色者，漆色宜干填，油色宜粉衬。用金银为绚者，倩盼之美愈成焉。又有各色纯用者，又有金银纯杂者。

"阴刻文图，如打本之印板，而陷众色，故名。然各色纯填者，不可谓之彩，各以其色命名而可也。"[161]

"雕镂"门中各条主要是雕漆。雕漆有单色，有复色，单色如"剔红""剔黑""剔黄""剔绿"，复色谓之"剔彩"；

图4.1 明中叶 宣德款剔红戗金高足杯　高10.4
厘米　径12.2厘米　中国台北故宫博物院藏

"堆红""堆彩"并非雕漆，而以灰漆堆起，模仿雕漆效果，故列于此。

"剔犀"介乎于剔黑、剔彩之间，但并非纯剔黑，又不以五彩，最多三色相间，尤以黑红相间的最为常见。

"镌蜔"不是雕漆，而是蜔壳上雕镂图纹；"款彩"其实也类似于"填漆"，却由于铲去大片漆面再填彩漆，因而也列在此门。（图4.1）

于文为阳：描饰、阳识、堆起、纹𢼧

在《髹饰录·坤集》之中，"描金"被归于"描饰"门之下：

描饰。

"稠漆写起于文为阳者，列在于此。"

描金。一名泥金画漆。即纯金花文也。朱地黑质共宜焉。其文以山水、翎毛、花果、人物故事等，而细钩为阳，疏理为阴，或黑漆理，或彩金像。

"疏理其理如刻，阳中之阴也。泥、薄金，色有黄、青、赤，错施以为像，谓之彩金像。又加之混金漆，而或填或晕。"

描漆。一名描华。即设色画漆也。其文各物备色，粉泽灿

然如锦绣，细钩皱理以黑漆，或划理。又有彤质者，先以黑漆描写，而后填五彩。又有各色干着者，不浮光。以二色相接为晕处多，为巧。

"若人面及白花、白羽毛，用粉油也。填五彩者，不宜黑质，其外匡朦胧不可辨，故曰彤质。又干着，先漆象，而后傅色料，比湿漆设色，则殊雅也。金钩者见于戗斓门。"

漆画。即古昔之文饰，而多是纯色画也。又有施丹青，而如画家所谓没骨者，古饰所一变也。

"今之描漆家不敢作。近有朱质朱文，黑质黑文者，亦朴雅也。"

描油。一名描锦，即油色绘饰也。其文飞禽、走兽、昆虫、百花、云霞、人物，一一无不备天真之色。其理或黑、或金、或断。

如天蓝、雪白、桃红，则漆所不相应也。古人画饰多用油，今见古祭器中，有纯色油文者。

描金罩漆。黑、赤、黄三糙皆有之，其文与描金相似。又写意则不用黑理。又如白描亦好。

"今处处皮市多作之。又有用银者，又有其地假洒金者，又有器铭诗句等以充朱或黄者。" [162]

"描饰"因为"稠漆写起于文为阳"，纹理附着于表面或凸出表面的是为"阳"。更为精巧的描金工艺被称为"识文描

---

162. 同上，第39—42页。

金"，列在于"阳识"门：

阳识。

"其文漆堆，挺出为阳中阳者，列在于此。"

识文描金。有用屑金者，有用泥金者，或金理，或划文，比描金则尤为精巧。

"傅金屑者贵焉。倭制殊妙。黑理者为下底。"

识文描漆。其着色，或合漆写起，或色料擦抹。其理文或金、或黑、或划。

各色干傅，末金理文者为最。

揸花漆。其文俨如缋绣为妙，其质诸色皆宜焉。

"其地红，则其文去红，或浅深别之。他色亦然矣。理钩皆彩，间露地色，细齐为巧；或以戗金亦佳。"

堆漆。其文以萃藻、香草、灵芝、云钩、绦环之类，漆淫泆不起立，延引而侵界者，不足观。又各色重层者堪爱。金银地者愈华。

"写起识文，质与文互异其色也。淫泆延引，则须漆却焉。复色者要如剔犀。共不用理钩，以与他之文为异也。淫泆侵界，见于描写四过之下淫侵。"

识文。有平起，有线起。其色有通黑，有通朱。共文际忌为连珠。

"平起者用阴理，线起者阳文耳。堆漆以漆写起，识文以灰堆起。堆漆文质异色，识文花地纯色。以为殊别也。连珠见于罽漆六过之下。"163

"阳识"不但以漆堆出高于漆面的花纹，还在花纹上加上识纹，是以为"阳中阳"。在平堆、线堆的花纹上再加纹样，或描、或戗、或堆、或写。如在堆漆、堆灰之后，再加雕塑，是以为"阳中有阴"，列于"堆起"门：

堆起。

"其文高低，灰起加雕琢，阳中有阴者，列在于此。"

隐起描金。其文各物之高低，做天质灰起，而棱角圆滑为妙。用金屑为上，泥金次之，其理或金或刻。

"屑金文刻理为最上。泥金像金理次之。黑漆理盖不好，故不载焉。又漆冻模脱者，似巧无活意。"

隐起描漆。设色有干、湿二种，理钩有金、黑、刻三等。

"干色泥金理者妍媚，刻理者清雅，湿色黑理者近俗。"

隐起描油。其文同隐起描漆而用油色耳。

"五彩间色，无所不备。故比隐起描漆则最美。黑理钩亦不甚卑。"[164]

"隐起"即系浮雕，描金、描漆、描油之法见"描饰"门。

除了描写类之外，"阳识"还有"纹𰷹"一类，并可作底纹之用：

---

163. 同上，第46—48页。
164. 同上，第49—50页。

纹秾。

"秾面为细纹属阳者，列在于此。"

刷丝。即刷迹纹也。纤细分明为妙，色漆者大美。

"其纹如机上经缕为佳。用色漆为难，故黑漆刷丝上，用色漆擦被，以假色漆刷丝，殊拙。其器良久，至色漆摩脱见黑缕，而文理分明，稍似巧也。"

绮纹刷丝。纹有流水、洞濛、连山、波迭、云石皱、龙蛇鳞，用色漆者亦奇。

"龙蛇鳞者，二物之名。又有云头、雨脚、云波相接、浪淘沙等。"

刻丝花。五彩花文如刺丝。花色、地文共纤细为妙。

"刷迹作花文，如红花、黄果、绿叶、黑枝之类。其地或纤刷丝，或细蓓蕾。其色或紫或褐，华彩可爱。"

蓓蕾漆。有细粗，细者如饭糁，粗者如米粒，故有秾花、沦漪、海石皱之名，彩漆亦可用。

"蓓蕾其文簇簇，秾花其文攒攒，沦漪其文鳞鳞，海石皱其文磊磊。" [165]

　　因秾面而起的细纹也属于阳纹，故列于此。起纹的方式有多种，刷迹最为常见。其中有所谓"刻丝花"，可作主要的装饰花纹，也可作陪衬的地纹，二者皆甚美。还有"蓓蕾漆"，

165.　同上，第36—37页。

其纹如点，有粗细，可作主纹，也适合作为地纹使用。以上统计，属"阳"的四门工艺共一十七种，加上前面属阴的三门工艺三十四种，合共五十一种。其中有不少工艺可作主纹，也可作地纹。各种主纹与地纹搭配得宜则可能衍生出千文万华。而阴纹与阳纹交杂而为，彼此相得益彰，"斒斓""复饰""纹间"三门，犹如阴阳交错，其纹纷然不可胜识。（图4.2）

图4.2 清前期 斑纹漆笔筒 高10.5厘米 口径6.7厘米 北京故宫博物院藏

阴阳交错：斒斓、复饰、纹间

"斒斓""复饰""纹间"三门实质上是各种漆工装饰技艺的综合运用。"斒斓"为"取二饰、三饰，可相适者，而错施为一饰"；"复饰"为"二饰重施"；"纹间"为"填嵌诸饰及鎗、款互错施"。但他们之间又有所差别，"纹间"的特点是"文质齐平"，"复饰"则在于"美其质而华其文"，而"斒斓"却着重于"金银宝贝"装饰，即以金银、宝石、贝钿等材料进行搭配互衬：

斒斓。

"金银宝贝，五采斒斓者，列在于此。总所出于宋、元名匠之新意，而取二饰、三饰，可相适者，而错施为一饰也。"

　　描金加彩漆。描金中加彩色者。

　　"金象色象，皆黑理也。"

　　描金加蜔。描金杂螺片者。

　　"螺象之边，必用金双钩也。"

　　描金加蜔错彩漆。描金中加螺片与色漆者。

　　"金像以黑理，螺片与彩漆以金细钩也。"

　　描金殽沙金。描金中加洒金者。

　　"加洒金之处，皆为金理钩。倭人制金像，亦为金理也。"

　　描金错洒金加蜔。描金中加洒金与螺片者。

　　"金象以黑理，洒金及螺片皆金细钩也。"

　　金理钩描漆。其文全描漆，为金细钩耳。

　　"又有为金细钩而后填五彩者，谓之金钩填色描漆。"

　　描漆错蜔。彩漆中加蜔片者。

　　"彩漆用黑理，螺象用划理。"

　　金理钩描漆加蜔。金细钩、描彩漆杂螺片者。

　　五彩、金细并施，而为金像之处多黑理。

　　金理钩描油。金细钩彩油饰者。

　　"又金细钩填油色，渍、皱、点亦有焉。"

　　金双钩螺钿。嵌蚌象，而金钩其外匡者。

　　"朱黑二质共享。蚌象皆划理，故曰双钩。又有用金细钩者，久而金理尽脱落，故以划理为佳。"

　　填漆加蜔。填彩漆中错蚌片者。

　　"又有嵌衬色螺片者，亦佳。"

填漆加蜔金银片。彩漆与金银片及螺片杂嵌者。

"又有加蜔与金，有加蜔与银，有加蜔与金、银，随制异其称。"

螺钿加金银片。嵌螺中加施金银片子者。

又或用蜔与金，或用蜔与银，又以锡片代银者，不耐久也。

衬色螺钿。见于填嵌第七之下。

鎗金细钩描漆。同金理钩描漆，而理钩有阴阳之别耳。又有独色象者。

"独色象者，如朱地黑文、黑地黄文之类，各色互用焉。"

鎗金细钩填漆。与鎗金细钩描漆相似，而光泽滑美。

"有其地为锦纹者，其锦或填色，或鎗金。"

雕漆错镌蜔。黑质上雕彩漆及镌螺壳为饰者。

"雕漆有笔写厚堆者，有重髹为板子而雕嵌者。"

彩油泥金加蜔金银片。彩油绘饰，错施泥金、蜔片、金银片等，真设文富丽者。

或加金屑，或加洒金亦有焉。此文宣德以前所未曾有也。

百宝嵌。珊瑚、琥珀、玛瑙、宝石、玳瑁、钿螺、象牙、犀角之类，与彩漆板子，错杂而镌刻镶嵌者，贵甚。

"有隐起者，有平顶者，有近日加窑花烧色代玉石，亦一奇也。" 166

"理"即纹样的脉理，可描、可划；而蚌象上加以划理，所以称之为"双钩"。"斒斓"门中部分内容貌似存在重复情

166. 同上，第 57—62 页。

况，例如"百宝嵌"条与"填嵌"门"螺钿"条及"雕镂"门"镌蜔"条重出；"金双钩螺钿"条则与"描金加蜔"相仿；而"描金加蜔错彩漆"条又与"描漆错蜔"条类似。（图4.3）

就字面看来，"复饰"门工艺仿佛也可归入"斒斓"门之内：

复饰。

"美其质而华其文者，列在于此。即二饰重施也。复宋、元至国初，皆巧工所述作也。"

洒金地诸饰。金理钩螺钿。描金加蜔。金理钩描漆加蚌。金理钩描漆。识文描金。识文描漆。嵌镌螺。雕彩错镌螺。隐

图4.3 明末清初 嵌金嵌螺钿漆几（局部） 长15.2厘米 宽9.8厘米 高5.7厘米 纳尔逊·阿特金斯艺术博物馆藏

起描金。隐起描漆。雕漆。

"所列诸饰，皆宜洒金地，而不宜平、写、款、戗之文。沙金地亦然焉。今人多假洒金上设平写、描金或描漆，皆假仿此制也。"

细斑地诸饰。识文描漆。识文描金。识文描金加蜔。雕漆。嵌镌螺。雕彩错镌螺。隐起描金。隐起描漆。金理钩嵌蚌。戗金钩描漆。独色象鎗金。

"所列诸饰皆宜细斑地，而其斑：黑、绿、红、黄、紫、褐，而质色亦然，乃六色互用。又有二色、三色错杂者，又有质斑同色，以浅深分者。总揩光填色也。"

绮纹地诸饰。压文同细斑地诸饰。

"即绮纹填漆地也，彩色可与细斑地互考。"

罗纹地诸饰。识文划理、金理描漆。识文描金。揸花漆。隐起描金。隐起描漆。雕漆。

"有以罗为衣者，有以漆细起者，有以刀雕刻者，压文皆宜阳识。"

锦纹戗金地诸饰。嵌镌螺。雕彩错镌蜔。余同罗纹地诸饰。

"阴纹为质地，阳文为压花，其设文大反而大和也。"[167]

"复饰"，即在地纹上施以不同髹饰工艺作为主纹。而"纹间"则是不同工艺的互错搭配成为装饰：

纹间。

"文质齐平，即填嵌诸饰及鎗、款互错施者，列在于此。"

167. ［明］黄成：《髹饰录》，杨明注，日本蒹葭堂藏抄本，第63—64页。

鎗金间犀皮。即攒犀也。其文宜折枝花、飞禽、蜂、蝶，及天宝、海珍图之类。

"其间有磨斑者，有钻斑者。"

款彩间犀皮。似攒犀而其文款彩者。

"今谓之款文攒犀。"

嵌蚌间填漆。填漆间螺钿。右二饰，文间相反者，文宜大花，而间宜细锦。

"细锦复有细斑地、绮纹地也。"

填蚌间戗金。钿花文鎗细锦者。

"此制文间相反者不可。故不录焉。"

嵌金间螺钿。片嵌金花，细填螺锦者。

"又有银花者，有金银花者，又有间地沙蚌者。"

填漆间沙蚌。间沙有细粗疏密。

"其间有重色眼子斑者。"[168]

"纹间"门以"填嵌"门中的工艺为基础，与款、戗工艺互为纹间。在文面上，"纹间"门下各条也可归入"复饰"门。但是，若要仔细分辨，便会发现他们之间的差别。"纹间"门中所列各款工艺装饰主纹于前，地纹在后；"复饰"门要先施以地纹，再加上另一门工艺作为主纹装饰；"斒斓"门则多种工艺相互错杂而形成五彩斑斓的效果。他们的差异，关键在于各种工艺夹杂于一体但又要符合阴阳和谐之道，即对"得宜"的认知与把

168.　同上，第65—67页。

握。因而，杨明注"螺钿"门谓："总所出于宋、元名匠之新意，而取二饰、三饰，可相适者，而错施为一饰也。"阴阳协调、可相可适，进而产生出种种不落宋元窠臼的装饰效果，是以"漆器种类之变化以至无穷"。[169]

"得宜"一直是《髹饰录》文本所透露出的关于漆器设计的审美标准，也是明代文本写作中经常出现的观念。虽然难以捉摸，但对此不厌其烦地频繁援用，却是《髹饰录》文本写作的重点所在，此正涉及《髹饰录》的文本究竟是为谁而作的关键问题。对此，柯律格经过深入地较分析认为："这个文本是为消费者所作，是属于消费者，而不是生产者的，这本书也是被消费的对象，而不是能工巧匠依靠《髹饰录》的文本来从事生产活动。这个消费的对象也是一个有知识的对象，那些掌握着各种知识及物品的人实际上也是个通过对知识获得以检验他所拥有物品的人。熟悉与拥有在此紧密相连，这几近处于一个'能/会'[povoir/savoir]的福柯式的范畴之内，在社会话语中发挥作用。"[170]柯氏对于《髹饰录》的分析建立于对晚明时代"知识作为商品"[knowledge as commodity]的立论之上。[171]由此看来，在晚明时代，市场对于漆艺知识的需求渐增，以致一大批与各种工艺有关的知识被编撰成书而行世，因而《髹饰录》的编撰也是这类"文化商品化"[commoditization of culture]

169. 索予明:《蒹葭堂本髹饰录解说》，中国台北:商务印书馆，1974 年，第 122 页。

170. Craig Clunas, "Luxury Knowledge: The Xiushilu ('Records of Lacquering') of 1625", in Techniques et Cultures, 29 (1997): 27-40.

171. Craig Clunas, Superfluous Things: Material Culture and Social Status in Early Modern China, University of Hawai'I Press, 2004. p.118.

的典型个案。[172]

　　将《髹饰录》与当时所涌现的，以《长物志》为代表的一批"雅玩指南"互作比较，的确能够察觉到《髹饰录》对各项漆艺知识的分类罗列手法与"雅玩指南"颇为雷同。但是，事实上不难想见，经阅读而掌握这门知识的读者不可能只局限于漆工群体而已。无需赘言，收藏《髹饰录》抄本的木村蒹葭堂作为藏家收藏并得以流传此书，这本身就在说明，《髹饰录》的读者不仅仅只是工匠而已。可以说，想要了解这门知识或对之兴趣快然的读者，在阅读这部漆艺小书之时定会感到眼界大开，收获良多。

四、系统的批评

　　写作《髹饰录》的行为实际上产生于晚明时代一个新颖而短暂的"认识论空间"[epistemological space]当中，[173]它的存在是为了熟悉制作漆器的知识，进而知晓如何对其进行分类。而且，对各种漆艺知识有如此需求的读者不单是那些会购买漆器的顾客，同时也可以是任何与漆器生产以及与各流通环节相关的任何人。

172.　Craig Clunas, "Text, Representation and Technique in Early Modern China', in Karine Chemla ed. History of Science, History of Text. Springer, 2004: 107—121.
173.　Craig Clunas, "Luxury Knowledge: The Xiushilu（'Records of Lacquering'）of 1625", in Techniques et Cultures, 29 (1997): 27—40.

过、戒

随着明代社学的发展，到了明代晚期，工匠能读书识字毫不奇怪。此时的漆艺市场已经开放，顾客与制作者之间的直接互动实属必然。《髹饰录》的作者分类罗列出各种漆艺知识并非为了自娱自乐，杨明在序言中说道："新安黄平沙称一时名匠，复精明古今之髹法，曾著《髹饰录》二卷。而文质不适者，阴阳失位者、各色不应者，都不载焉，足以为法。今每条赞一言，传诸后进，为工巧之一助云。"[174]

据此，《髹饰录》的读者一般被认为是针对漆工而并非一般读者。然而，传诸"后进"的"法"却是个抽象的概念，"为工巧之一助云"也不一定就是漆工本身；因为工匠作为漆器的制作者，而使用者往往又另有其人。就像《天工开物》那样，其序言中所谓"且夫王孙帝子，生长深宫，御厨玉粒正香，而欲观未耜，尚宫锦衣方剪，而想象机丝。当斯时也，披图一观，如获重宝矣。"[175]表面看来，似乎其读者指向的是长居深宫中的王公贵胄，但此书所进行的知识传播活动却超越了这种设想，并广泛流行于民间。因而，这种说明更似是一种修辞手法，而不是作者真正的意图。那么，以此来理解杨明的介绍就可想而知，所谓"传诸后进""为工巧之一助云"之说很可能也只是种顺势而为的修辞手段。当然，不能否认这有可能是一种故意的推销手段，借此强调出该书的专业性与实用性。《髹饰录》的记录在分类上相当

174.　[明]黄成：《髹饰录》，杨明注，日本蒹葭堂藏抄本，第5页。
175.　[明]宋应星：《天工开物》，上海：上海古籍出版社，2008年，第2页。

全面，不但详细罗列了各种制作工具和材料、各种漆艺类型的特点，还谈及到各种工则法度，甚至对漆器制作者的鉴戒、失误也事无巨细地一一记录。如此完备的记载，难怪会被认为是本漆工的专业用书了。

在"楷法"门当中，作者详尽记录了漆器制作中可能会遇到的种种过错：

六十四过。

髤漆之六过。冰解。"漆稀，而仰俯失候，旁上侧下，淫泆之过。"泪痕。"漆慢，而刷布不均之过。"皱敏。"漆紧，而荫室过热之过。"连珠。"隧棱凹棱也，山棱凸棱也。内壁下底际也，龈际齿根也。漆溙之过。"颣点。"髤时不防风尘，及不挑去飞丝之过。"刷痕。"漆过稠，而用硬毛刷之过。"

色漆之二过。灰脆。"漆制和油多之过。"黯暗。"漆不透明，而用颜料少之过。"

彩油之二过。柔黏。"油不辨真伪之过。"带黄。"煎熟过焦之过。"

贴金之二过。瘢斑。"粘贴轻忽漫缀之过。"粉黄。"衬漆厚而浸润之过。"

罩漆之二过。点晕。"滤绢不密，及刷后不挑去颣之过。"浓淡。"刷之往来，有浮沉之过。"

刷迹之二过。节缩。"用刷滞，虾行之过。"模糊。"漆不稠紧，刷毫软之过。"

蓓蕾之二过。不齐。"漆有厚薄，蘸起有轻重之过。"溃瘆。"漆不粘稠急紧之过。"

揩磨之五过。露垸。"觚棱、方角，及平棱、圆棱，过磨之过。"抓痕。"平面车磨用力，磨石有砂之过。"毛孔。"漆有水气，及浮沤不拂之过。"不明。"揩光油摩，泽漆未足之过。"霉黓。"退光不精，漆制失所之过。"

磨显之三过。磋迹。"磨磋急忽之过。"蔽隐。"磨显不及之过。"渐灭。"磨显太过之过。"

描写之四过。断续。"笔头漆少之过。"淫侵。"笔头漆多之过。"忽脱。荫而过候之过。粉枯。"息气未黟，先施金之过。"

识文之二过。狭阔。"写起轻忽之过。"高低。"稠漆失所之过。"

隐起之二过。齐平。"堆起无心计之过。"相反。"物像不用意之过。"

洒金之二过。偏垒。"下布不均之过。"刺起。"麸片不压定之过。"

缀蜔之二过。粗细。"裁断不比视之过。"厚薄。"琢磨有过，不及之过。"

款刻之三过。浅深。"剔法无度之过。"绦缕。"运刀失路之过。"龃龉。"纵横文不贯之过。"

鎗划之二过。见锋。"手进刀走之过。"结节。"意滞刀涩之过。"

剔犀之二过。缺脱。"漆过紧，枯燥之过。"丝纟互。"层髹失数之过。"

雕漆之四过。骨瘦。"暴刻无肉之过。"玷缺。"刀不快利之过。"锋痕。"运刀轻忽之过。"角棱。"磨熟不精之过。"

裹衣之二过。错缝。"器衣不相度之过。"浮脱。"粘着有紧缓之过。"

单漆之二过。燥暴。"衬底未足之过。"多颣。"朴素不滑之过。"

糙漆之三过。滑软。"制熟用油之过。"无肉。"制熟过稀之过。"刷痕。"制熟过稠之过。"

丸漆之二过。松脆。"灰多漆少之过。"高低。"刷有厚薄之过。"

布漆之二过。邪瓦。"贴布有急缓之过。"浮起。"粘贴不均之过。"

捎当之二过。盬恶。"质料多漆少之过。"瘦陷。"未干固辄垸之过。"

补缀之二过。愈毁。"无尚古之意之过。"不当。"不试看其色之过。"[176]

所谓"六十四过"，乃是作者刻意附会，以暗合六十四卦之数。事实上，有关漆器制作的处理十分多样并无定数。以上种种罗列，似乎只有漆工才需要掌握如此专业的漆艺知识。但是，细心的读者会发现，"六十四过"中原作者的描述基本上都是关于

176. ［明］黄成：《髹饰录》，杨明注，日本蒹葭堂藏抄本，第23—31页。

各种漆艺制作的不当从而造成漆器在其视觉效果上出现的一些表面瑕疵，观者可以借此来判断漆器的质量。如此一来，便不难发现，倘若没有杨明后来的注释，《髹饰录》的原文其实是在通过对漆器表面效果的观察来检验质量之优劣。当然，如果读者本身是漆工的话，定然也能从中获得许多有关漆器制作的经验，并以此来检验他的作品。尤其是在杨明补充注释以后，《髹饰录》对于漆工的实践所起的作用就更为实在了。另外，对于其他读者而言，特别是对漆器有所需求的人们，也可凭此对各种漆器表面所显露出的问题进行甄别，这些检验漆器质量的知识可以帮助他们对不同质量的漆器进行判断。

除了在"六十四过"中对各种漆器于生产过程中因不够注意而引起的问题进行罗列之外，作者还对漆器的整体设计问题提出批评。他在"楷法"门中列出了漆器设计方面两个需要注意的问题：

二戒。
淫巧荡心。"过奇擅艳，失真亡实。"
行滥夺目。"共百工之通戒，而漆匠须尤严矣。"[177]

"淫巧荡心""行滥夺目"被认为是工匠在设计漆器时应该注意的两项戒条。尤其是对漆匠而言，特别要避免制作过于艳丽浮夸的漆器。《礼记·月令》所谓："毋或作为淫巧，以荡上

---

177. 同上，第 21 页。

心。"[178]即不做过于精巧而无益的技艺的制品。这是历代制器的传统训诫，作者尤认为漆工应以此为诚。需要注意的是，此"二戒"同样对漆器的视觉效果进行了描述，这实际上是对陷入这两种情况的漆器设计予以的批评。此"二戒"同样可以适用于挑选漆器时的注意事项，只是更偏重于审美趣味方面的要求，而没有"六十四过"所可能产生的具体实际的批评功效。

失、病

在晚明的流行文本当中，各种有关"鉴""戒""失"之类的记述时有出现，并非《髹饰录》如此。但可以确定的是，《髹饰录》的作者最为关注的读者应该是那些对漆艺知识有着实际需要的人。在《髹饰录》"楷法"门中的"四失"条中，仅就字面来看，明显就是针对设计、制作漆器的人而进行的批评：

> 四失。
> 制度不中。"不鬻市"。
> 工过不改。"是谓过"。
> 器成不省。"不忠乎"。
> 倦懒不力。"不可雕"。[179]

"四失"的内容具体化了作为漆工需要检讨的几个在漆器制作方面的态度问题。"制度不中"，意为制作不良的漆器产

---

178. [清] 阮元校刻：《十三经注疏》，北京：中华书局，1980 年，第 1364 页。
179. [明] 黄成：《髹饰录》，杨明注，日本蒹葭堂藏抄本，第 22 页。

品不能售卖于顾客；"工过不改"，意指在制作漆器的过程中有所过失必须改过；"器成不省"，意谓漆器在制成后需要通过质量检查；"倦懒不力"，即制作漆器时不能疏懒，工匠要有精益求精的精神。这些针对漆工工作的批评主要围绕着制作漆器过程中的禁忌以及漆工的素养两个方面的要求而展开。

"楷法"门中的"二戒"实际上是对漆器制作效果的批评，而"四失"的批评则直指漆工本身。在"四失"之后，《髹饰录》的作者更提到"三病"，直接指向漆工的个人修养问题：

三病。
独巧不传。"国工守累世，俗匠擅一时。"
巧趣不贯。"如巧拙造车，似男女同席。"
文彩不适。"貂狗何相续，紫朱岂共宜。"[180]

黄成所谓"三病"："独巧不传"，即守着一技之长，秘不传人；"巧趣不贯"，即技术不足，趣味不相统一；"文彩不适"，即花纹、色彩的设计没有做到相适得宜。杨明的注释加深了对漆工素质的批评倾向，他解释道：名工的品质在于代代相传，工艺及技术才得以积累，而庸俗的工匠则只重视当前，其技艺即便能擅于一时，也难以长久。巧工与拙匠之间的差别是什么呢？杨谓：就好比他们在共同制造一辆车子，制车

---

180. 同上。

的零件和工序那么繁多，若制作手艺不能相互协调匹配，又怎能造好车子呢？至于在设计漆器时，花纹、色彩的经营安排也能体现漆工的经验和修养，做得不好的，就像给貂续上了狗尾巴，这又怎么适宜呢！

　　有关对"三病"的整体理解，索予明认为："所谓'三病'，整个说来，是作者指出漆工在心理上、行为上和技巧上易犯之病。作者不但要打破传统的陋习，还应把他的经验、独到之处公开传授，而且还应注意提高工匠的素质，勉励他们设计、制造出一些合乎艺术水准的作品"。[181]索氏此处所作的解读，实际上只考虑到作为漆工的读者，但是，如果它的读者并非漆工出身呢？那么，这些大至人身修养，细至制漆失误的批评内容对于他们而言，又意味着什么呢？

　　这些漆艺评判知识必然对不了解漆艺创作的人知晓漆器的等次有帮助。有关劝谕、规谏的文本在明代曾一度流行，部分原因是官方的推动，同时也是当时社会环境的特殊需要。在晚明时代，这些训诫文本不但表现在伦理道德的需求上，亦反映于社会生活的诸多方面。《髹饰录》虽然关注的是漆工艺，但它也不无例外地受到了这种风气的影响，又或是受到了此风气的驱动。《髹饰录》中的种种批评意见，便是系统地针对其时迅猛发展的漆艺消费所作出的专业反应。

---

181. 索予明：《蒹葭堂本髹饰录解说》，中国台北：台湾商务印书馆，1974 年，第 47 页。

古、雅

在明代中国的大城市里，蓬勃的商业环境推动着文化服务并在一定程度上掌控着艺术品购买的形式。古今绘画、真假古董，各种食色性的愉悦，宗教上的慰藉，以及地理上的移动性都利于那些有能力支付得起它们的人。[182]这种对高雅时尚的追慕，与流行已久的，对代表着具备学识、彰显品位的古雅趣味的推崇息息相关。《髹饰录》中便有所谓"尚古"门，其谓：

尚古。

一篇之大尾名"尚古"者，盖黄氏之意在于斯。故此书总论成饰，而不载造法，所以温故知新也。

断纹。髹器历年愈久，而断纹愈生，是出于人工而成于天工者也。古琴有梅花断，有则宝之；有蛇腹断，次之；有牛毛断，又次之，他器多牛毛断；又有冰裂断、龟纹断、乱丝断、荷叶断、縠纹断。凡揩光牢固者，多疏断；稀漆脆虚者，多细断，且易浮起，不足珍赏焉。

"又有诸断交出；或一旁生彼、一旁生是；或每面为众断者。天工苟不可穷也。"

补缀。补古器之缺，剥击痕尤难焉。漆之新古、色之明暗，相当为妙。又修缀失其缺片者，随其痕而上画云气，黑髹以赤、朱漆以黄之类，如此，五色金钿，互异其色，而不

---

182. Crag Clunas, Superfluous Things: Material Culture and Social Status in Early Modern China, Honolulu: University of Hawai'i Press, 1991. pp. 37-38.

捹痕迹，却有雅趣也。

"补缀古器，令缝痕不觉者，可巧手以继拙作，不可庸工以当精制，此以其难可知。又补处为云气者，盖好事家效祭器，画云气者作之，今玩赏家呼之曰云缀。"

仿效。模拟历代古器及宋元名匠所造，或诸夷倭制等者，以其不易得，为好古之士备玩赏耳，非为卖古董者之欺人贪价者作也。凡仿效之所巧，不必要形似，唯得古人之巧趣，与土风之所以然为主。然后攻历岁之远近，而设骨剥断纹及去油漆之气也。

"要文饰全不异本器，则须印模后，熟视而施色。如雕镂识款，则蜡、墨干打之，依纸背而印模，俱不失毫厘。然而有款者之，则当款旁复加一款曰：某姓名仿造。"[183]

"尚古"门的知识集中于欣赏与修补，以及仿制古漆器的各个方面。杨注谓"黄氏之意在于斯"，也是此书"总论成饰，而不载造法"的原因所在。杨明认为，黄成写作此书记录各种漆艺知识的目的便是为了"温故知新"。前面所述及的戒、失、病，均建立在"温故"的基础之上。据此，对"故"的批评便成了全书最为重要的评价根基。

"故"是杨明对黄成"古"的诠释，而对"古/故"的品评于当时的漆器生产及其流通方面是极具意义的。这种尚古趣味对工艺设计的影响自宋代以降便与日俱增，到了明代对漆艺实

---

183. ［明］黄成：《髹饰录》，杨明注，日本蒹葭堂藏抄本，第 75—77 页。

践的影响也越发浓重。其中最突出的体现是明初曹昭的《格古要论》。该书将"古漆器论"作为独立一卷进行记述，分别记录了"古犀毗""剔红""堆红""戗金""鐏犀""钿螺"诸内容。[184]随后，许多明代的鉴赏文本不断谈及漆器的内容，这与其时的鉴赏之风日渐兴盛蔓延息息相关。其至高境界仍然是"尚古"的趣味。与黄成处于同一时代的鉴藏家高濂在介绍鉴赏之道的著作《遵生八笺·燕闲清赏笺》的卷首便说："孰知闲可以养性，可以悦心，可以怡生安寿，斯得其闲矣。余嗜闲，雅好古，稽古之学，唐虞之训；好古敏求，宣尼之教也。好之，稽之，敏以求之，若由阜之𩵥，岐阳之鼓，藏剑沦鼎，兑戈和弓，制度法象，先王之精义存焉者也，岂直剔异搜奇，为耳目玩好寄哉?故余自闲日，遍考钟鼎卣彝，书画法帖，窑玉古玩，文房器具，纤细究心。更校古今鉴藻，是非辩正，悉为取裁。"[185]

高濂在此分别提到了"雅而好古""稽古之学""唐虞之训""好古敏求""宣尼之教""更校古今""是非辩正"。在晚明时代，文人的书斋生活已然进展成为一门雅致的艺术。稍晚一点，文震亨更在《长物志》中教导人们如何安排书斋布局，并分享个中乐趣："罗天地琐杂碎细之物于几席之上，听我指挥；挟日用寒不可衣、饥不可食之器，尊逾拱璧，享轻千金，以寄我之慷慨不平，非有真韵、真才与真情以胜之，其调弗同也。近来

---

184. [明]曹昭、王佐：《新增格古要论》，杭州：浙江人民出版社，2011年，第256—259页。

185. [明]高濂：《遵生八笺》，成都：巴蜀书社，1992年，第555页。

富贵家儿与一二庸奴、钝汉，沾沾以好事自命，每经赏鉴，出口便俗，入手便粗，纵极其摩挲护持之情状，其污辱弥甚，遂使真韵、真才、真情之士，相戒不谈风雅。"[186]

文震亨说，其时一些富有之人好事自命，入手便粗。这似乎并不鲜见，而且还被认为是真正在行的鉴赏家们所鄙夷的。于此，这种尚"古"的，文士式的自得其乐，被定位为并非人人能懂。其中的优劣等别在此至关重要，它几乎就是分辨文士阶层自身优越角色的工具。对此，万历初年华亭人范濂的记录则更具典型性，他记道："纨绔豪奢，又以榉木不足贵，凡床橱几桌皆用花梨、瘿木、乌木、相思木与黄杨木，极其贵巧，动费万钱。亦俗之一靡也。尤可怪者，如皂快偶得居止，即整一小憩，以木板装铺，庭畜盆鱼杂卉，内列细桌拂尘，号称书房，竟不知皂快所读何书也。"[187]这种与物品的关系不仅仅用于明确人们已经拥有的社会地位，实际上还可能会改变他们的地位。在厢房中摆上一张精致的书桌及拂尘，装潢成书房，进而令主人家从一介武夫摇身一变成为一位文人雅士。[188]例如《金瓶梅》中的主角虽然有着摆满书籍的书房，但他并不阅读，而且因为太过愚钝无知而将那些自以为是大师的画作杂乱地挂在了一起，结果贻笑大方。[189]

186.　[明]文震亨：《长物志》，杭州：浙江美术出版社，2011年，第21页。

187.　王世襄，Sarah Handler, Classical Chinese furniture: Ming and early Qing dynasties, London: Han—Shan Tang, 1986. p.14.

188.　Craig Clunas, "Furnishing the Self in Early Modern China', in Beyond the Screen: Chinese Furniture of the 16th and 17th Centuries, Boston: Museum of Fine Arts, 1996. pp. 21-35.

189.　[明]兰陵笑笑生：《金瓶梅词话》，中国香港：太平书局，1992年。

　　这些例子都在说明鉴藏活动在文人士夫的闲适生活中至关重要。对追寻境界的需要便是那种自以为与别人不同的所谓才情逸致。文震亨在《长物志》中曾多次提到对"古雅"漆器的推崇。这不但是文人志趣的核心所在，还是在庞大的漆艺市场上与同一阶层保持一致甚为凑效的认同手段。对经济宽裕的文人雅士而言，更为高级的是那些具有"古雅"趣味的"奇品"。《长物志》有谓："台几倭人所制，种类大小不一，俱极古雅精丽。有镀金镶四角者，有嵌金银片者，有暗花者，价俱甚贵。"[190]又："佛橱佛桌，用朱黑漆，须极华整，而无脂粉气，有内府雕花者，有古漆断纹者，有日本制者，俱自然古雅。近有以断纹器凑成者，若制作不俗，亦自可用。"[191]文震亨称："日本所制，皆奇品也。"[192]"奇品"便是指这些舶来的，数量极少的，十分珍贵的漆器。因为珍贵难得，故而富裕的文士以搜罗到上等的倭漆以彰显其高贵的身份。例如，在抄没权臣严嵩家产的《天水冰山录》中便记录有许多非常贵重的倭漆家具。[193]对倭漆产品的拥有不但是有品位的标志，同时还是财富的象征。

　　《髹饰录》在"尚古"门中谓："模拟历代古器及宋元名匠所造，或诸夷倭制等者，以其不易得，为好古之士备玩赏耳，非为卖古董者之欺人贪价者作也。"由于古漆器不易得，随着明代漆器市场的扩大，仿效尚古趣味成为受追捧的对

190.　[明]文震亨：《长物志》，杭州：浙江美术出版社，2011年，第90页。
191.　同上，第93页。
192.　同上，第92页。

象，藉此以满足好古之士的需求，而倭漆的古雅精奇，又并非随处可见，这正好成为自命不凡的所谓具有真才、真情之士争相竞购的宝货。高濂在其《遵生八笺·燕闲清赏笺》中"论剔红倭漆雕刻镶嵌器皿"条着笔批评了国产漆器的今非昔比："旧者尚有可取，今则不足观矣。有伪造者，矾朱堆起雕镂，以朱漆盖覆二次，用愚隶家，不可不辨。穆宗时，新安黄平沙造剔红，可比园厂，花果人物精妙，刀法圆滑清朗。奈何庸匠网利，效法颇多，悉皆低下，不堪入眼。较之往日，一盒三千文价，今亦无矣，何能得佳？金陵之制亦然，国初有杨埙描漆、汪家彩漆，技亦称善……今亦甚少。有漂霞砂金、蜔嵌堆漆等制，亦以新安方信川制为佳。如效砂金倭盒，胎轻漆滑，与倭无二，今多伪矣。"[194]在大力批评国产漆器的同时，高濂又盛赞倭漆器之美："漆器惟倭称最，而胎胚式制亦佳。……有书橱之制，妙绝人间，……极其工巧。……精甚。种种器具，据所见者言之，不能悉数。而倭人之制漆器，工巧至精极矣。"[195]

高濂对倭漆的推崇表明，其时的文士在漆艺消费及其审美趣味方面已转向对"古雅""精雅"的追求，另一方面又反映出当时的漆艺市场上蓬勃与缭乱并存的状态。《髹饰录》的作者在"仿效"条中提倡："非为卖古董者之欺人贪价者作也。凡仿效之所巧，不必要形似，唯得古人之巧趣，与土风之

193. [明]佚名，《天水冰山录》，北京：中华书局，1985年，第199页。
194. [明]高濂：《燕闲清赏笺》，成都：巴蜀书社，1992年，第557—558页。
195. 同上，第462页。

所以然为主。然后攻历岁之远近，而设骨剥断纹及去油漆之气也。"这正是针对其时日渐兴起的漆艺消费市场所产生的乱象作出的批评建议。

事实上，晚明漆艺消费市场的繁荣，以及有关漆艺知识的商品化倾向，都离不开其时人们的社会生活需要。《髹饰录》对漆艺的流行状况进行批评，从工艺到品位均系统地提供了相关意见，这不但是由漆艺的流行与生产扩张所导致，同时也是受众激增的表现。从接受理论的角度来看，这种产品制作或产品拥有方面的竞争或许也能套用贡布里希

图4.4 明 仇英 《人物故事图册——竹院品古图》 绢本设色 纵41.1厘米 横33.8厘米 北京故宫博物院藏

所谓"名利场逻辑"[the logic of vanity fair]——即"在艺术中的一种竞争因素，其目的在于把注意力引向艺术家或他的赞助人"。[196]对古漆器、质量上乘的仿作以及倭漆的喜好也可理解为一种竞争的表现，对奢侈品知识的掌握也属于这种竞争的组成部分，并且占据着极为重要的位置。（图4.4）

---

196. Ernst Gombrich, "The logic of Vanity Fair: alternatives to historicism in the study of fashions, style and taste", in Ideals and Idols: Essays on Values in History and in Art.

　　无论如何，对《髹饰录》所作的解读其实是可以多种多样
的。讨论《髹饰录》内容的文本写作及其本质这本身就极具意
味。对各种漆艺知识的掌握以及应用，已然超越了《髹饰录》
的文本自身。对读者而言，其意义会在阅读中发生，且并没有
作为文本中的预设因素而存在。[197]这便意味着，即使在《髹饰
录》诞生之初，这部文本的写作意图已变成了此书得以流传的
一个原点。实际上，《髹饰录》的读者在阅读此书时如何看待
书中的内容以及与之相关的各方各面，才是最能体现出其价值
和意义的关键所在。

London: Phaidon Press, 1994. pp. 60-92.

197.　Roland Barthes, Le Plaisir du texte, Paris: Seuil, 1973. p. 25.

下　篇

第五章 《髹饰录》的相关实验

一、漆料的实验

《髹饰录》得以重返母国之后，一直被认为是部适用于漆工实践的"操作指导"[how—to]，其中部分原因是由于它在日本一直被以这种方式使用着。这些从中国而来的专业知识书籍在日本备受重视，它们在创造和维持文化资本方面起着重要的作用。[1]那么，在《髹饰录》被辗转传抄的内容当中，究竟有着多少关于材料技术方面的信息存在着呢？《髹饰录》行文如此之简略，是否也有着某些关于具体操作的内容在传播过程中被忽略或者隐没的可能性呢？[2]

漆料记录

《髹饰录》流传于日本，并被视作指导漆艺制作的文本，

---

1. Craig Clunas, "Luxury Knowledge: The Xiushilu（'Records of Lacquering'）of 1625", in *Techniques et Cultures*, 29 (1997): 27-40.
2. 田川真千子：『髹飾録の実験的研究』，日本奈良女子大学松冈研究室，1997 年。

还不仅是因为偶然与习惯所导致。虽然《髹饰录》行文简略，但仍然能够从中见到零散的，关于材料操作实践方面的内容。例如，有关调漆的记录就见诸于《髹饰录·乾集》的"利用"门之内。黄成在"利用"门"水积"条中说道："水积。即湿漆。生漆有稠、淳之二等，熟漆有揩光、浓、淡、明膏、光明、黄明之六制。其质兮坎，其力负舟。"[3]杨明注曰："漆之为体，其色黑，故以喻水。复积不厚则无力，如水之积不厚，则负大舟无力也。工者造作，勿吝漆矣。"

湿漆，即液态的漆料，有生漆、熟漆之分。黄成所谓"生漆有稠、淳之二等"，指的是生漆液的质量。从树上采集而来的生漆原料里，一般含有20％至40％的水分。天然生漆液中水分的多少不但与漆树的品种、产地的环境有关，而且与采割的技术有关。漆树的品种也会影响到漆液的稠、淳程度，在通常情况下，大木漆稠厚，小木漆淳稀。另外，在割漆时若切割过深而切入木质部，漆液的含水量就多。通常，生漆水分较少的质量较好，水分较多的质量较差。[4]

除了水分之外，生漆原料中还夹有尘埃等杂质。天然的生漆原料不能直接使用，需要经过加工才能用于髹饰。纯生漆涂不厚，也不能研磨推光。用生漆髹涂可以不必使用荫室，但经过加工精制的熟漆则必须入荫候干。《髹饰录》书中有述及对生漆原料进行过滤加工以及煎曝的过程就是将生漆加工成熟漆

---

3. ［明］黄成：《髹饰录》，杨明注，日本蒹葭堂藏抄本，第18页。

4. 何豪亮、陶世智：《漆艺髹饰学》，福州：福建美术出版社，1990年，第21页。

的过程。

《髹饰录·乾集》的"利用"门中"泉涌"条说："泉涌。即滤车并幦。高原混混，回流涓涓。"[5]杨注曰："漆滤过时，其状如泉之涌，而混混下流也。滤车转轴回紧，则漆出于布面，故曰回流也。"[6]在此，《髹饰录》只提到了使用滤车进行滤漆，但在将滤好的漆液进行煎曝之前还需要炼熟，目的是将滤好的生漆液在掺水搅拌的过程中，氧化成漆酚醌，进而聚合形成漆酚聚体。这有助于增强髹涂干燥后所形成漆膜的硬度与亮度。经炼熟后，将生漆进行脱水。漆液中水分的含量会直接影响漆的干燥效果。漆液中所含的水分过少会使其变得不易干燥，甚至不干；漆液中水分过多又会削弱其粘度以及漆膜的光泽。对漆液中水分的把握十分重要，因而晒制的效果直接关系到漆液精制的质量。

晒制，即脱水、透化、熟化。在漆液凉制的基础上，将漆液放在太阳光下加热搅拌脱水，可以提高漆液中漆酶分子的活性。《髹饰录·乾集》的"利用"门中有"海大"条说："海大。即曝漆盘，并煎漆锅。其为器也，众水归焉。"[7]杨注曰："此器大，而以制热诸漆者，故比诸海之大，而百川归之矣。"[8]以及"潮期"条："潮期。即曝漆挑子。鳅尾反转，波涛去来。"[9]杨注曰："鳅尾反转，打挑子之貌。波涛去来，挑

---

5. [明]黄成:《髹饰录》，杨明注，日本蒹葭堂藏抄本，第20页。
6. 同上。
7. 同上，第18页。
8. 同上。

翻漆之貌。凡漆之曝熟有佳期，亦如潮水有期也。"[10]漆液晒制时的温度以保持在40℃左右为宜。边加热边搅拌，使漆液进一步氧化聚合，并驱赶水分，让其中水分含量控制在2％至5％之间才算达标。在晒制的过程之中，脱水的快慢受到环境、温度、湿度等因素的影响。气温高，湿度小，水分蒸发会过快；反之则慢。因此，在精制漆液时，要根据实际的情况考虑是否继续加水。如果在凉制时能将水分控制在15％左右，晒制脱水则更好把握。晒制是否适度主要依赖观察曝漆盘内漆液翻动时的成色，若是脱水已至所要求的程度，漆液将由浑浊不清变得清晰透明，并具明亮光泽。

《髹饰录》中有关漆料调制的记录零散，除了上述的数条调漆记载之外，还有一些相关的内容分布于其他条目之中。例如，"六十四过"中"黀漆之六过"提到"漆稀""漆慢""漆紧""漆潦""漆过稠"的情况；在"色漆之二过"中提到"漆制和油多""漆不透明"；在"彩油之二过"中提到"煎熟过焦"；在"刷迹之二过"中提到"漆不稠紧"；在"蓓蕾之二过"中提到"漆有厚薄""漆不粘稠"，等等。

《髹饰录》为了符合对阴阳思想的附会，其构成布局并不是按部就班、循序渐进的。当然，就局部所记，对操作步骤作逐一描述记录，也并非一片空白。然而，《髹饰录》却尽量省略了诸多这方面的细节，将全书的记录重点转移至对各种漆艺知识的编

9.　同上，第19页。
10.　同上。

辑之上。既然《髹饰录》对于制作实践的记载如此简略不全，要了解书中所记漆艺的操作情况就需要借助其他文献资料来加以佐证了。

熟漆六制

《髹饰录》的文本中对于漆料的调制所记有限，主要提及到了当时漆工所使用的熟漆有六种之多。所谓"熟漆六制"，即"揩光""浓""淡""明膏""光明""黄明"六种精加工漆的制备。然而，由于年代久远，而且各地对漆名的命名各异，加上《髹饰录》的记录又语焉不详，故而"熟漆六制"的具体制作尚不明确。不过，由于各地至今仍旧流传有不少传统制漆方面的经验，故而如若通过比照各家各说，或能悉其中一二。

关于"揩光"，"坤集"中"质色"门"黑髹"条中记有："黑髹，一名乌漆，一名玄漆，即黑漆也。正黑光泽为佳。揩光要黑玉，退光要乌木。"[11]杨注："熟漆不良，糙漆不厚，细灰不用黑料，则紫黑。若古器，以透明紫色为美。揩光欲黸滑光莹，退光欲敦朴古色。近来揩光有泽漆之法，其光滑殊为可爱矣。""揩光"与"退光"也出现在"朱髹"条中，还有"黄髹""绿髹""褐髹"各条也提及到了"揩光"。王世襄便根据"罩明"门"罩朱髹"条中所记"罩朱髹，即赤糙罩漆也，明彻紫滑为良，揩光者绝佳"，认为"揩光"是罩漆的一种。并且以

11.　同上，第33页。

"单素"门"罩明单漆"条所记杨注"又有揩光者，其面润滑，木理灿然，宜花堂之瓶卓也"，从而推断"揩光"即罩透明漆。[12]而据何豪亮所说，武汉国漆厂在二十几年前还有"揩光"的名称，六制中的"揩光"亦可能是用一种低温脱水的熟漆作为透明退光面漆使用。[13]

"浓"，王世襄解之为熟漆有浓淡之别。[14]而何豪亮则推测说，"浓"可能是类似加入"触药"的黑光漆。[15]长北也将"浓"解为黑推光漆，即以半透明漆加入氢氧化铁调合停置后所制成的黑色推光漆。黑推光漆在熟漆中使用频率最高，所以，杨明也说"漆之为体，其色黑"，此或即黄成所谓的"浓"漆。[16]

"淡"，可能是一种低温脱水的熟漆，可以加入胚油作为金底漆。[17]长北据扬州漆工的做法进行过猜测，在生漆中加入色水，用于家具和房屋木构架打底，此或即黄成所谓的"淡"漆。[18]

"明膏"，可能是一种高温脱水聚合后的坯漆，此漆加生漆后可以调配各种色漆。现今我国各地常用作调制色推光漆的坯漆，被称为半透明漆或推光漆，此或黄成所谓"膏漆"，髹上涂漆后退光则称为"退光漆"。见《髹饰录》"质色"门"朱

12. 王世襄：《髹饰录解说》，北京：文物出版社，1983 年，第 68 页。
13. 何豪亮、陶世智：《漆艺髹饰学》，福州：福建美术出版社，1990 年，第 25 页。
14. 王世襄：《髹饰录解说》，北京：文物出版社，1983 年，第 47 页。
15. 何豪亮、陶世智：《漆艺髹饰学》，福州：福建美术出版社，1990 年，第 25 页。
16. 长北：《髹饰录图说》，济南：山东画报出版社，2007 年，第 38 页。
17. 何豪亮、陶世智：《漆艺髹饰学》，福州：福建美术出版社，1990 年，第 25 页。
18. 长北：《髹饰录图说》，济南：山东画报出版社，2007 年，第 38 页。

髹"条中杨注"又其明暗，在膏漆银朱调和之增减也"；[19] "绿髹"条中杨注"明漆不美则色暗"。[20]

"光明"，可能是用"明膏"加入胚油及生漆后的一种紫红色透明罩光漆。在推光漆内兑入广油成油光漆。油光漆透明度好，黏性足，漆膜变软，变亮，有明光，或许便是黄成所谓的"光明"漆。

"黄明"，可能是一种类似于无油而透明的推光漆，这种漆可以用明膏加入藤黄和黄栀子煎汁等着色剂以冲淡其褐色素，使其漆色变浅，用于推光漆面罩明。也可能加入松香煤油溶液进行调制，成为一种含油的、透明的推光漆。

以上六种熟漆，除了"淡"漆可能用于打底，"明膏"作为坯漆用以调制推光色漆之外，"揩光""浓""光明""黄明"是为精制的推光漆。需要特别注意的是，在明代，"揩光"与"退光"一样，在作为一种熟漆的同时，也是一项推光的技法。

调漆实验

通过以上的推论，可知明代的熟漆使用种类已经相当丰富。精制的熟漆除了经滤晒之外，还会加入各种添加料以改变其漆性。王世襄就曾罗列了北宋以降有关漆液调制的各种方法记录，田川真千子则将王氏的罗列进行了归纳。现补充

---

19. ［明］黄成：《髹饰录》，杨明注，日本兼葭堂藏抄本，第 34 页。
20. 同上。

王氏的分析资料并整理如下：

时代	方法	漆名	文献出处	用漆	水分调节	用油	漆、油配比	添加料	调制后
北宋	煎鬓光法	鬓光	《琴苑要录》	生漆	炭火熬煎	麻油	16:6	皂角、油烟墨、铅粉、诃粉	色黑
	合琴光法	光漆	《琴苑要录》	生漆		鬓光	6:16	鸡子清、铅粉	色黑
南宋	合光法	光漆	《太音大全集》	生漆	文武火煎				半透明
	合光法	光漆	《太音大全集》	生漆	文武火煎	白油	100:100	诃子肉、秦皮、定粉、黄丹	色黑
	合光法	光漆	《太音大全集》	生漆				定粉、轻粉	色黑
	合光法	光漆	《太音大全集》	生漆				秦皮、铁粉、油烟墨、乌鸡子清	色黑
	合光法	光漆	《琴书大全》	生漆	煎煮	桐油	100:100	灰坏、干漆、光粉、泥矾	半透明
元代	黑光法	黑光	《辍耕录》	生漆	煎煮			触药、鸡子清	色黑
明代	笼罩漆方	笼罩漆	《石田杂记》	生漆		桐油	100:100	密陀僧、无名异	色黑
清代	晒光漆法	退光漆	《与古斋琴谱》	生漆	日晒			冰片、猪胆汁	半透明
	晒光漆法	退光漆	《与古斋琴谱》	生漆	日晒			冰片、猪胆汁、墨烟、铁锈水	色黑
		退光漆	《与古斋琴谱》	生漆	火燉			冰片、猪胆汁	半透明
近代		退光漆	《苏州油漆》	生漆	日晒			黑坏、猪胆汁	色黑
		半透明漆	《漆工资料》	生漆	日晒				半透明
		半透明漆	《漆工资料》	生漆	煎煮				半透明
		笼罩漆	《漆工资料》	生漆	日晒	桐油	100:65		半透明

　　从王世襄所收集的资料可以推断，中国人早在殷商时代就已经懂得用油料调漆了。早期以苴油调漆的可能性较高，至六朝时期则是以麻油及核桃油为主，宋代以降则多以桐油进行调

合。各代有关油、漆调配的资料极少，二者之间的比例又会导致不同的效果。田川氏曾对各种油、漆配比的干燥时间进行了测试（以RCI涂料干燥时间测定器检验），其结果整理如下：

调漆料	配合比例	干燥时间			干燥状态				表面状态
		开始固化时间（小时）	表面固化时间（小时）	固化所需时间（小时）	一日后	两日后	七日后	一月后	
精加工漆		4.0	5.0	6.0	固化				无异常
桐油：精加工漆	20:100	4.5	7.0	11.0	固化				无异常
	40:100	8.0	11.0	—	—	固化			无异常
	60:100	8.0	—	—	—	—	—	—	固化慢
熟桐油：精加工漆	20:100	5.0	6.0	8.0	固化				无异常
	40:100	6.5	8.0	11.0	固化				无异常
	60:100	15.0	—	—	—	—	—	—	固化慢
生漆		8.0	12.0	17.0	固化				无异常
熟桐油：生漆	20:100	—	—	—	—	—	—	—	粘着
	40:100	—	—	—	—	—	—	—	粘着
	60:100	—	—	—	—	—	—	—	粘着
麻油：精加工漆	20:100	4.0	6.0	9.0	固化				油面
熟麻油：精加工漆	20:100	4.0	8.0	13.0	固化				油面
	40:100	5.0	—	—	—	—	—	—	油面
	60:100	—	—	—	—	—	—	—	油面
荏油：精加工漆	20:100	4.0	8.0	11.0	固化				无异常
熟荏油：精加工漆	20:100	4.0	6.0	8.0	固化				油面
	40:100	5.0	10.0	—	—	—	固化		油面
	60:100	—	—	—	—	—	—	—	油面

在漆料的精制过程当中，各种添加料对调漆的效果影响各

有不同。自北宋以来的各种相关文献所记录的添加料，有来自植物的,有来自动物的，也有来自矿物的，对这些不同性质的添加料及其调漆的效果分析如下（以各添加料酌量加入漆或油，髹涂后观察漆膜表面的效果）：

添加料	性状	效果
皂角	又名皂荚，其果带状，采后晒干，可入药，色褐。	与铁粉混合加入漆中，能够加速漆的黑化。
油烟墨	原料主要是麝香、冰片等药材调制的墨，色乌黑。	促使漆的黑化。
墨烟	即烟墨，以松烟或桐烟等调胶制成的墨，色乌黑。	促使漆的黑化。
铅粉	为白色的粉末，有细而滑腻感。	加快桐油或漆的干燥，能够促使漆的黑化。
诃粉	药材诃子晒干或烘干后磨成的粉末，色褐。	与铁粉混合加入漆中，能够加速漆的黑化。
诃子肉	植物诃子或绒毛诃子的干燥成熟果实，色褐。	与铁粉混合加入漆中，能够加速漆的黑化。
鸡子清	即鸡蛋的蛋清，透明，具粘性。	加快漆的干燥。
乌鸡子清	药用珍禽竹丝鸡的鸡蛋蛋清，透明，具粘性。	加快漆的干燥。
秦皮	白蜡树的干燥枝皮或干皮，色灰白、灰棕至棕黑。	与铁粉混合加入漆中，能够加速漆的黑化。
定粉	白色粉末，不透明，体重，质细腻润。	加快桐油或漆的干燥，令漆色泛白。
黄丹	（密陀僧）用铅、硫磺、硝石等合炼而成，色红。	加快桐油或漆的干燥，能够促使漆的黑化。
轻粉	即甘汞，主要含氯化亚汞，无味无色，鳞片状结晶。	加快桐油或漆的干燥，令漆色泛白。
灰坯	木料烧尽后所得灰屑，色灰黑。	加快漆的干燥，能够促使漆的黑化。
黑坯	铁粉与酸混合所得，色黑。	加快漆的干燥，能够促使漆的黑化。
干漆	收集盛漆器具底留下的漆渣，干燥所制成的中药。	加快漆的干燥。
光粉	即铅粉。	加快桐油或漆的干燥，能够促使漆的黑化。
泥矾	明矾，无色立方晶体。	加快桐油或漆的干燥。
触药	即铁浆沫，黄膏状的褐铁矿水胶凝体，成分为氧化铁。	促使漆的黑化。
密陀僧	（黄丹）含氧化铅的固体催干剂，呈红色，有光泽。	加快桐油或漆的干燥，能够促使漆的黑化。
无名异	褐铁矿，含水氧化铁，呈褐色。	促使漆的黑化。
冰片	龙脑香的树脂和挥发油获得的结晶，半透明。	调节水分。
猪胆汁	成分为胆汁酸类、胆色素、粘蛋白及脂类，色棕黑。	增加透明度。

从历代的调漆方例可见，精制熟漆名称各异，有日晒及煎煮的，有入油或无油的。所入油的种类有桐油、麻油（亚麻籽油）及白油（苏籽油）。田川氏曾将这三种干性油料进行加热搅拌，加工成熟桐油、熟麻油、熟荏油，再配合生漆（陕西产）及精加工漆（无添加料），按各种配比进行调合，其效果如下：

类型	调漆料	油、漆配合比例	样本保存/处理	效果
无油	精加工的生漆原料		冷藏	
	日照搅拌的漆料		冷藏	
	室内搅拌的漆料		冷藏	
	实验使用的精加工漆		冷藏	
	实验使用的精加工漆		室内保存	
有油	桐油:精加工漆	20:100	调合当日髹涂	
	桐油:精加工漆	40:100	调合当日髹涂	
	桐油:精加工漆	60:100	调合当日髹涂	
	熟桐油:精加工漆	20:100	调合当日髹涂	
	熟桐油:精加工漆	40:100	调合当日髹涂	
	熟桐油:精加工漆	60:100	调合当日髹涂	
	熟桐油:生漆	20:100	调合当日髹涂	
	熟桐油:生漆	40:100	调合当日髹涂	
	熟桐油:生漆	60:100	调合当日髹涂	
	麻油:精加工漆	20:100	调合当日髹涂	
	熟麻油:精加工漆	20:100	调合当日髹涂	
	熟麻油:精加工漆	40:100	调合当日髹涂	
	熟麻油:精加工漆	60:100	调合当日髹涂	
	荏油:精加工漆	20:100	调合当日髹涂	
	熟荏油:精加工漆	20:100	调合当日髹涂	
	熟荏油:精加工漆	40:100	调合当日髹涂	
	熟荏油:精加工漆	60:100	调合当日髹涂	

　　尽管，在《髹饰录》中有关调漆的记录，其描述的核心是加工漆料的工具与使用中的情况，而没有述及任何具体的配方。但通过对历代调漆的资料所记载的调制方法及其入漆材料进行观察，可以得知《髹饰录》中所述及的精制漆料，很可能大部分都是有油的调配。而各种在记的入漆的添加料，则并非都对漆液的调配发挥显著的功效。另外，《髹饰录》中记载的有关调漆问题所引起的各种毛病，例如粘着、软滑等等情况，基本上属实。这说明，《髹饰录》的记录与实践关系密切，虽然相关的记录并未被细作说明，但这种情况很可能是作者有意所为，而并非在传抄过程中被遗漏。

　　排除《髹饰录》在传抄过程中遗漏细节的可能性，作者故意不谈制作细节的原因可能有三。一是可能受到了古代技术秘密代代相传的影响，关于具体的操作要领被刻意地隐蔽起来。二是这些基本技术可能是当时工匠之间普遍流传的"常识"，因而不必多费笔墨。三是各家的技术实践可能略有差别，并非一致。当然，这几种猜测或许都过于"理想化"了。事实上，无论是在传抄中被无意地忽略了，还是被故意地省略了，都在某种程度上表明使用这个文本的人并不能从书中系统地获得相关实践的具体信息。虽然如此，阅读《髹饰录》对于漆艺实践依然极具意义。其实，《髹饰录》作为一部"漆艺宝典"，将各种丰富的漆艺知识记录在案，无论落到哪位读者手上，对于了解漆艺这门学问，仍然是不可多得的资料。

二、色料的实验

《髹饰录》并未系统地记录完整的髹漆操作步骤以及具体的应用流程。这成为反驳这本小书作为"指导"手册的最为重要的论据之一。然而，若此书主要是用来作为漆工的参考资料，以增广见识，事实上也未尝不可。[21]《髹饰录》中有关技术实践的内容虽然零散不全，但却具备了对于漆工来说十分丰富的专业知识方面的价值。

色料记录

对漆工而言，任何与其专业相关的经验之谈对于他们优化劳动实践都大有裨益。虽然《髹饰录》除了桐油之外，并没有记录任何在调漆过程中入漆的添加料，但书中却提及到了各种入漆的颜色料，以及描述到各款用色的要点。在《髹饰录·乾集》的"利用"门"云彩"条中，黄成记到："云彩，即各色料。有银朱、丹砂、绛矾、赭石、雄黄、雌黄、靛花、漆绿、石青、石绿、诏粉、烟煤之等。瑞气鲜明，聚成花叶。"[22]由此可知，明代的入漆颜色料有十二种之多。

关于这些色料的用法，《髹饰录》同样没有系统的记录，只有许多相关的零散描述穿插于文中各处。例如，在《坤集》的"质色"门中，黄成在"黑髹"条谓："正黑光泽为佳。揩

---

21. 索予明：《蒹葭堂本髹饰录解说》，中国台北：台湾商务印书馆，1974 年。
22. ［明］黄成 著：《髹饰录》，杨明注，日本蒹葭堂藏抄本，第 9 页。

光要黑玉，退光要乌木。"[23]杨明注曰："熟漆不良，糙漆不厚，细灰不用黑料，则紫黑。若古器，以透明紫色为美。揩光欲黸滑光莹，退光欲敦朴古色。近来揩光有泽漆之法，其光滑殊为可爱矣。"[24]在"朱髹"条中，黄成谓："鲜红明亮为佳，揩光者其色如珊瑚，退光者朴雅。"[25]杨明注曰："髹之春暖夏热，其色红亮；秋凉，其色殷红；冬寒，乃不可。又其明暗在膏漆、银朱调和之增减也。倭漆窃丹带黄。又用丹砂者，暗且带黄。如用绛矾，颜色愈暗矣。"[26]在"黄髹"条中，黄成谓："鲜明光滑为佳。揩光亦好，不宜退光。共带红者美，带青者恶。"[27]杨明注曰："色如蒸粟为佳，带红者用鸡冠雄黄，故好。带青者用姜黄，故不可。"[28]在"绿髹"条中，黄成谓："其色有浅深，总欲沉。揩光者，忌见金星，用合粉者，甚卑。"[29]杨明注曰："明漆不美，则色暗，揩光见金星者，料末不精细也。臭黄韶粉相和，则变为绿，谓之合粉绿，劣于漆绿大远矣。"[30]在"紫髹"条中，黄成谓："即赤黑漆也。有明暗浅深。"[31]杨明注曰："此数色皆因丹黑调和之法，银朱、绛矾异其色，宜看之试牌，而得其所。又土朱者，赭石也。"[32]

---

23. 同上，第 33 页。
24. 同上。
25. 同上。
26. 同上。
27. 同上，第 34 页。
28. 同上。
29. 同上。
30. 同上。
31. 同上，第 35 页。
32. 同上。

在"褐髹"条中，黄成谓："揩光亦可也。"[33]杨注曰："总依颜料调和之法为浅深。"[34]在"油饰"条中，黄成谓："然不宜黑。"[35]杨注曰："比色漆则殊鲜研，然黑唯宜漆色，而白唯非油则无应矣。"[36]在"金髹"条中，黄成谓："无癜斑为美。又有泥金漆，不浮光。又有贴银者，易霉黑也。黄糙宜于新，黑糙宜于古。"[37]杨明注曰："黄糙宜于新器者，养宜金色故也。黑糙宜于古器者，其金处处摩残黑斑，以为雅赏也。"[38]

除了"质色"门中各条的记录之外，其他各门中也记录到不少色漆应用的知识。例如，在"䰍纹"门"刷丝"条中，黄成谓："纤细分明为妙，色漆者大美。"[39]杨明注曰："用色漆为难，故黑漆刷丝上，用色漆擦被，以假色漆刷丝，殊拙。其器良久，至色漆摩脱见黑缕，而文理分明，稍似巧也。"[40]在"描饰"门"描漆"条中，黄成谓："其文各物备色，粉泽灿然如锦绣，细钩皱理以黑漆，或划理。又有彤质者，先以黑漆描写，而后填五彩。又有各色干着者，不浮光。以二色相接为晕处多，为巧。"[41]杨明注曰："若人面及白花、白羽毛，用粉油也。填五彩者，不宜黑质，其外匡朦胧不可辨，故曰彤质。

---

33. 同上。
34. 同上。
35. 同上。
36. 同上。
37. 同上，第 36 页。
38. 同上。
39. 同上，第 37 页。
40. 同上。
41. 同上，第 40 页。

又干着，先漆象，而后傅色料，比湿漆设色，则殊雅也。"[42]
在"填嵌"门"填漆"条中，黄成谓："有干色，有湿色，妍
媚光滑。又有镂嵌者，其地锦绫细文者，愈美艳。"[43]杨明注
曰："磨显填漆，觏前设文，镂嵌填漆，觏后设文。湿色重晕
者为妙。又一种有黑质红细纹者，其文异禽怪兽，而界郭空闲
之处皆为罗文、细条、縠绉、栗斑、迭云、藻蔓、通天花儿等
纹，甚精致。"[44]在"绮纹填漆"条中，黄成谓："其刷纹黑，
而间隙或朱、或黄、或绿、或紫、或褐。又文质之色互相反亦
可也。"[45]在"雕镂"门"剔红"条中，黄成谓："朱色，雕法
古拙可赏。复有陷地黄锦者。宋、元之制，藏锋清楚，隐起圆
滑，纤细精致。又有无锦文者，共有像旁刀迹见黑线者，极精
巧。又有黄锦者、黄地者次之。又矾胎者不堪用。"[46]杨明注
曰："黄绵，黄地亦可赏。矾胎者，矾朱重漆，以银朱为面，
故剔迹殷暗也。又近琉球国产，精巧而鲜红，然而工趣去古甚
远矣。"[47]在"剔犀"条中，黄成谓："有朱面，有黑面，有
透明紫面。或乌间朱线，或红间黑带，或雕黸等复，或三色更
迭。其文皆疏刻剑环、绦环、重圈、回文、云钩之类。纯朱者
不好。"[48]杨明注曰："三色更迭，言朱、黄、黑错重也。用绿

---

42. 同上。
43. 同上，第 42 页。
44. 同上，第 43 页。
45. 同上。
46. 同上，第 50 页。
47. 同上。
48. 同上，第 54 页。

者非古制。"[49]在"款彩"条中，黄成谓："有漆色者，有油色者，漆色宜干填，油色宜粉衬。"[50]，等等。

以上的摘录只是其中最为突出的一部分而已。对于《髹饰录》中有关色料的记载，虽然有关色料的准备与工艺的配方并未作描述，但它仍然是了解当时漆器制作所采用色料最为丰富的记录。就这些记录可知，明代漆工除了在调色漆时采用到各种色料入漆之外，还会在漆器的装饰方面直接用到各种色料，例如在湿色、干色、彩油、粉衬等装饰工艺上，经过加工的色料也可看成是加饰料的一类。

五色鲜明

杨明在对"云彩"条的注释中所谓"五色鲜明，如瑞云聚成花叶者"，当中的"五色"就明显地带有附会的修辞趣味。撇开"五色"与"五行"之间的逻辑联系而论，青、赤、黄、白、黑五种颜色一直被古代中国人作为对颜色进行归类的传统知识。"五色"为"正色"，彼此之间又有"间色"之分。但是，从《髹饰录》的文本记录中可以看到，作者所采用的各种对色彩的命名或描述是多种多样的。这表明当时有关漆器色彩的设计经验已经非常丰富：

---

49. 同上。
50. 同上，第 55 页。

正色	间色	漆器颜色（矿物颜料手绘模拟色彩、Lab、孟塞尔色系）		
黑	黑	黑/乌/玄	N2	
		紫黑	10RP 3/1	
		透明紫	8P 2.5/7	
	紫	紫/赤黑	5P 1.5/1.5	
		雀头	6.5RP 3/3	
		栗壳	5.5PB 2/5	
		铜紫	10B 2/0.5	
		骍毛	2.5R 4/10	
		殷红	5R 4.5/13	
赤	赤	朱/红/丹	6R 4.5/12	
		彤	5R 3.5/10	
		窃丹带黄	10R 6/14	
黄	褐	紫褐	5RP 2.5/3	
		褐	5.5PB 1.5/3	
		黑褐	1.5YR 2/2	
		茶褐	10R 3/5	
		荔枝色	10RP 3/4	
	黄	带红者	2Y 8/8	
		黄/金	2.5Y 7.5/8	
		带青者	6.5Y 6/8	
青	青	青	5B3.5/3.5	
	绿	绿	3.5G 4.5/6	
	碧	合粉绿	8.5GY 4/3	
白	白	白	3.5YR 7.5/5	

调色实验

《髹饰录》"云彩"条中所列举各种色料性状与文中记述对照如下：

色料	类型	性状	记录	颜色
银朱	矿物系	赤色硫化汞（HgS），鲜红色粉末。	其明暗在膏漆、银朱调和之增减也。	
丹砂	矿物系	即朱砂、辰砂，赤色硫化汞（HgS），色深红粉末状。	用丹砂者，暗且带黄。	
绛矾	矿物系	明矾的一种，由青矾煅成，呈赤色，透明结晶体。	如用绛矾，颜色愈暗矣。	
赭石	矿物系	赤铁矿（Fe_2O_3），呈红褐色，为不规则的扁平块状。	土朱者，赭石也。	
雄黄	矿物系	鸡冠石，硫化砷（AsS），橘黄色，有光泽。	带红者用鸡冠雄黄，故好。	
雌黄	矿物系	主要成分为三硫化二砷（As_2S_3），柠黄色。		
靛花	植物系	含靛蓝（$C_{10}H_{10}N_2O_2$），从蓝靛中提炼而来。		
漆绿	植物系	漆姑草汁炼煎而成，呈墨绿色。	合粉绿，劣于漆绿大远矣。	
石青	矿物系	蓝铜矿（$Cu_3〔CO_3〕2(OH)_2$），深蓝色，有光泽。		
石绿	矿物系	孔雀石绿（$C_{23}H_{25}$），色翠绿、草绿、暗绿，微透明。		
韶粉	人造矿物色	铅粉、铅白粉，碱式碳酸铅（$PbCO_3$）$_2$·$Pb(OH)_2$，白色粉。	臭黄、韶粉相和则变为绿。	
烟煤	人造矿物色	由燃烧松树枝采集的烟煤，呈乌黑色。	细灰不用黑料，则紫黑。	

　　以上只是作者在"云彩"条中所介绍到的十二种色料。除了这些最具代表性的色料之外，在《髹饰录》的别处还记录了其他的入漆色料，例如姜黄、臭黄等。《髹饰录》记录了当时入漆色料的大部分，还有小部分没提及，这在其它的文本中得见，例如铅丹、藤黄、黄丹、铁粉等等。田川氏试验了各种常用的入漆色料，其调色效果列举如下：

色系	色料：漆料	调配比例	涂膜颜色（Lab表色系、孟塞尔色系）	
精加工漆			6.1R 2.26/3.4	
红色系	银朱（本朱）：精加工漆	150:100	6.1R 3.30/6.5	
	银朱（黄口朱）：精加工漆	150:100	0.4YR4.23/8.4	
	丹砂9：精加工漆	150:100	6.9R 3.27/5.4	
	丹砂14：精加工漆	150:100	8.5R 3.64/7.2	
	铁丹1：精加工漆	50:100	8.9R 2.93/4.7	
	铁丹2：精加工漆	50:100	8.9R 2.97/5.2	
	赤铁矿：精加工漆	50:100	6.1R 2.21/1.0 ※	
黄色系	藤黄：精加工漆	20:100	0.5YR2.63/6.9	
	雌黄：精加工漆	70:100	10.0YR3.99/5.3	
	雄黄：精加工漆	70:100	7.9YR3.58/5.0	
蓝色系	蓝靛1：精加工漆	50:100	N 2.60（GY）※	
	合成蓝：精加工漆	50:100	N 1.23（RP）	
绿色漆	藤黄：蓝靛1：精加工漆	20:10:100	N 1.37（PB）※	
	雌黄：蓝靛3：精加工漆	50:20:100	7.7Y 3.50/2.0	
	雌黄：合成蓝：精加工漆	50:10:100	5.8GY 2.58/2.1	
	雌黄：靛花：精加工漆	50:20:100	2.9GY2.80/1.1	
	雌黄：铅白：精加工漆	50:70:100	7.0Y 2.86/1.4 ※	
黑色系	油烟墨：精加工漆	3:100	N 1.34（PB）	
	松烟：精加工漆	3:100	N 1.39（B）	
	氧化亚铁：精加工漆	5:100	N 1.73（PB）	

※ 髹涂两个月后漆膜颜色。

如上所示，入漆色料在调漆之后，色相会发生变化。原因是大漆本身具有酱黄色调，白色及冷色会出现变色。《髹饰录》中便提及："白唯非油则无应矣。……若人面及白花、白翎毛，用粉油也。……如天蓝、雪白、桃红，则漆所不相应也。"[51]另外，色料与漆的调配比例，以及不同色料混合分量的不同亦直接反应到漆的色泽上。当然，色漆调合的配比需要符合相应的比例范围才能达到相应的调配效果。各种入漆色料与漆调配比例在50:100至100:100之间，其漆膜的成色、状态分列如下：

色料	入漆后颜色	干燥状态	漆膜颜色	漆膜状态
银朱	红色	无异常	红色	无特别异常
丹砂	红色	无异常	红色	无特别异常
绛矾	红色	无异常	红色	无特别异常
赭石	暗红色	无异常	暗红色	无特别异常
铅丹	红色	混合后固化	黑色	固化不宜髹涂
雄黄	橙色	无异常	黄色	无特别异常
雌黄	黄色	无异常	黄色	无特别异常
姜黄	黄色	干燥慢	黄色，略透明	不光滑
藤黄	黄色	干燥慢	黄色，略透明	涂膜固化不充分
黄丹	橙色	混合后固化	黑色	固化不宜髹涂
靛花	无色	干燥慢	深蓝色	不光滑
毛蓝	蓝色	无异常	深蓝色	无特别异常
石青	淡蓝色	无异常	暗褐色	无特别异常
石绿	淡绿色	无异常	暗褐色	无特别异常
韶粉	白色	无异常	暗褐色	无特别异常
油烟	黑色	无异常	黑色	无特别异常
松烟	黑色	无异常	黑色	无特别异常
铁粉	灰褐色	无异常	部分黑色化	无特别异常

51. ［明］黄成：《髹饰录》，杨明注，日本兼葭堂藏抄本，第35页。

在《髹饰录》的记录当中，对各类髹饰技艺进行分类描述历来被作为其最大特色，虽然文中所包含的调漆、调色的内容分散无序，但他们却至关重要，因为所有的髹饰设计都建立在工匠对漆色的调合处理的基础之上。因而，明确了《髹饰录》中所使用漆色的具体情况后，方能进一步了解明代晚期漆器制作的真情实景。

然而，经验技术是鲜活的、流动的，其变化无穷。从以上的实验效果可见，仅是有关材料的配比问题也极难得出一个准确而恒定的结论，只能度之以大概。天然的色料因为产地、时间、技术的原因，每一批次的产品在成色上也有所差异，漆料的状况亦复如是。另外，在髹饰过程中，由于环境、工艺诸条件的影响，也会导致成品的效果不一。无论如何，尽管《髹饰录》对具体操作的记录欠奉，许多地方只能从操作经验中推测归纳，但是，通过对《髹饰录》所记录的漆色进行调试，至少验证了书中所载的调色知识的基本情况。

虽然，调色只是《髹饰录》所记载内容的一小部分而已，但却是最为基础的一部分。对调合漆色技巧的掌握不但是所有漆器髹饰工艺的前提条件，而且也影响到对于漆色的设计与运用，并直接关系到各种技法的具体表现，因而对《髹饰录》中所记色彩的认识也为观察晚明时代的漆艺装饰提供了别样的线索，而不只是局限于对明代流传下来的部分漆器文物进行感性的考察。

三、饰料的实验

饰料是《髹饰录》中除了色料之外用以表现色彩的其他材料，包括：金、银、螺钿、珊瑚、玳瑁、琥珀、宝石、象牙、犀角、陶片，等等。这些采用饰料的漆器设计受到了当时雕刻、绘画、版画、金器、银器、铜器、玉器、陶器等工艺的影响，通过与各种加饰材料相互结合得以进一步扩展漆艺创作的表现力。[52]这正是成就明代漆艺变化万千的另一关键。

饰料记录

《髹饰录》对各种漆器饰料的记录丰富地展现出了明代漆艺璀璨华美的特征。黄成将有关饰料的记录部分归在《乾集》之中，部分则分述于《坤集》各处。

关于黄金饰料，见"利用"门"日辉"条，黄成谓："日辉，即金。有泥、屑、麸、薄、片、线之等。人君有和，魑魅无犯。"[53]杨明注曰："太阳明于天，人君德于地，则魑魅不干，邪诣不害。诸器施之，则生辉光，鬼魅不敢干也。"[54]

有关银饰料，见"利用"门"月照"条，黄成谓："月照，即银。有泥、屑、麸、薄、片、线之等。宝臣惟佐，如烛精光。"[55]杨明注曰："其光皎如月。又有烛银。凡宝货以金为

---

52. 田川真千子：『髹飾録の実験的研究』，奈良女子大学松冈研究室，1997 年。
53. ［明］黄成：《髹饰录》，杨明注，日本兼葭堂藏抄本，第 7 页。
54. 同上。
55. 同上。

主，以银为佐，饰物亦然，故为臣。"[56]

贝钿，见"利用"门"霞锦"条，黄成谓："霞锦，即螺钿、老蚌、车鳌、玉珧之类，有片，有沙。天机织贝，冰蚕失文。"[57]杨明注曰："天真光彩，如霞如锦，以之饰器则华妍，而康老子所卖，亦不及也。"[58]

珊瑚、玳瑁、琥珀、宝石、象牙、犀角、陶片，见"匾斓"门中"百宝嵌"条，黄成谓："百宝嵌，珊瑚、琥珀、玛瑙、宝石、玳瑁、钿螺、象牙、犀角之类，与彩漆板子，错杂而镌刻镶嵌者，贵甚。"[59]杨明注曰："有隐起者，有平顶者，有近日加窑花烧色代玉石，亦一奇也。"[60]

这些加饰材料看起来非常高贵，尤其是金银及各种宝石。以贵金属所制作的器胎历来是皇亲贵胄所珍藏的宝物。"雕镂"门"金银胎剔红"条黄成谓："金银胎剔红，宋内府中器有金胎、银胎者，近日有鍮胎、锡胎者，即所假效也。"[61]其中提及的鍮、锡，又见于"填嵌"门"嵌金、嵌银、嵌金银"条，杨明注曰："有片嵌、沙嵌、丝嵌之别，而若浓淡为晕者，非屑则不能作也。假制者用鍮、锡，易生黳气，甚不可。"[62]虽然鍮、锡也被用作漆器的饰料，但因其色泽不能良久

---

56. 同上。
57. 同上，第 10 页。
58. 同上。
59. 同上，第 62 页。
60. 同上，第 63 页。
61. 同上，第 51 页。
62. 同上，第 46 页。

维持而被认为是质量低劣的"假制者"。这其中便隐含着作者将真金白银推崇为最高贵的审美追求标准。

相对于金、银之类的贵金属而言，贝钿作为漆器的饰料则相对普通一些。贝钿材料虽然在价值上一般低于金银，但是作为漆器的加饰料，其效果极佳。然而，优质的螺钿料也不易得，珊瑚、琥珀、玛瑙、宝石、玳瑁、钿螺、象牙、犀角之类就更加珍贵了。关于百宝嵌漆器的加饰料到了清代则更为多样，清人钱泳《履园丛话》有云："周制之法，惟扬州有之。明宋有周姓者，始创此法，故名周法（百宝嵌）。其法以金、银、宝石、珍珠、珊瑚、碧玉、翡翠、水晶、玛瑙、玳瑁、车渠、青金、绿松、螺钿、象牙、密蜡、沉香为之，雕成山水、人物、树木、楼台，花卉、翎毛，嵌于檀、梨、漆器之上。大而屏风、桌、椅、窗槅、书架，小则笔床、茶具、砚匣、书箱，五色陆离，难以形容，真古来未有之奇玩也。"[63]

明代是中国古代各种漆工艺集大成的时期，就《髹饰录》对加饰材料方面的描述便反映出历代所流行的各款漆艺加饰技术在此时已变得兼容并包。百宝嵌所采用的加饰材料在后来的发展亦表明，清代的漆器工艺接续了明代漆艺多样化的特色，并在明代漆艺融会贯通的基础上，得以对漆艺设计作了进一步的精细化总结。

---

63. 王世襄：《髹饰录解说》，北京：文物出版社，1983年，第151—152页。

各色莹澈

从《髹饰录》中所记录的各种饰料可知，晚明漆艺受到了当时发达的商业经济的影响，尤其在工艺材料的流通方面更加明显。加入贵金属的漆器作品此前多属皇亲贵胄所享，而此时也逐渐进入富人们的生活。螺钿、玳瑁、珊瑚、象牙、犀角……这些自沿海或其他地域而来的珍贵工艺材料除了以进贡的形式进入贵族阶层之外，进入民间流通的饰料则靠商贾之手运转至江南诸地。其时采用昂贵加饰工艺材料的漆艺制作款式众多，效果美艳。《髹饰录》对各种饰料的使用可大致归纳为贵金属、贝钿及宝石三大类，另外还有模仿玉石质地的陶瓷材料等类别。现将三类主要的加饰材料及其用法分类摘录如下：

类别	饰料	性状	使用方法
贵金属	金	有泥、屑、麸、薄、片、线之等。	嵌金、……嵌金银。右三种，片、屑、线各可用。有纯施者，有杂嵌者，皆宜磨现揩光（有片嵌、沙嵌、丝嵌之别，而若浓淡为晕者，非屑则不能作也。假制者用鍮、锡，易生黴气，甚不可）。 金漆，一名浑金漆，即贴金漆也，无癜斑为美。又有泥金漆，不浮光。……黄糙宜于新，黑糙宜于古（黄糙宜于新器者，养益金色故也。黑糙宜于古器者，其金处处摩残，成黑斑，以为雅赏也）。 罩金漆，一名金漆，即金底漆也，光明莹彻为巧，浓淡、点晕为拙。又有泥金罩漆，敦朴可赏（金薄有数品，其次者用假金薄或银薄。泥金罩漆之次者，用泥银或锡末，皆出于后世之省略耳）。 洒金，一名砂金漆，即撒金也，麸片有细粗，擦敷有疏密，罩髹有浓淡。又有斑洒金者，其文：云气、漂霞、远山、连钱等。……又有揩光者，光莹眩目（近有金银薄飞片者甚多，谓之假洒金。又有用锡屑者，又有色糙者，共下卑也）。 描金，一名泥金画漆，即纯金花文也。朱地、黑质共宜焉。其文以山水、翎毛、花果、人物故事等；而细钩为阳，疏理为阴，或黑漆理，或彩金象（疏理，其理如刻，阳中之阴也。泥、薄金色，有黄、青、赤，错施以为象，谓之彩金象。又加之混金漆，而或填，或晕）。 识文描金，有用屑金者，有用泥金者，或金理，或划文，比描金则尤为精巧（傅金屑者贵焉，倭制殊妙。黑理者为下底）。 隐起描金，其文各物之高低，依天质灰起，而棱角圆滑为妙。用金屑为上，泥金次之。其理或金，或刻（屑金文刻理为最上，泥金象金理次之，黑漆理盖不好，故不载焉。又漆冻模脱者，似巧，无活意）。 描金罩漆，黑、赤、黄三糙皆有之，其文与描金相似。又写意，则不用黑理。又如白描，亦好（今处处皮市多作之。……又有其地假洒金者，又有器铭诗句等，以充朱或黄者）。 鎗金，鎗或作戗，或作创，一名镂金，……朱地黑质共可饰。细钩纤皴，运刀要流畅而忌结节。物象细钩之间，一一划刷丝为妙（宜朱、黑二质，他色多不可。其文陷以金薄或泥金）。
	银	有泥、屑、麸、薄、片、线之等。	嵌银……右三种，片、屑、线各可用。有纯施者，有杂嵌者，皆宜磨现揩光（有片嵌、沙嵌、丝嵌之别，而若浓淡为晕者，非屑则不能作也。假制者用鍮、锡，易生黴气，甚不可）。 金漆……又有贴银者，易黴黑也。黄糙宜于新，黑糙宜于古（黄糙宜于新器者，养益金色故也。黑糙宜于古器者，其金处处摩残，成黑斑，以为雅赏也）。 罩金漆（……其次者用假金薄或银薄。……用泥银或锡末，皆出于后世之省略耳）。 洒金……又有用麸银者。又有揩光者，光莹眩目（近有金银薄飞片者甚多，谓之假洒金。又有用锡屑者，又有色糙者，共下卑也）。 描金罩漆（……又有用银者，又有其地假洒金者，又有器铭诗句等，以充朱或黄者）。 鎗银，朱地黑质共可饰。细钩纤皴，运刀要流畅而忌结节。物象细钩之间，一一划刷丝为妙。又有用银者，谓之鎗银（宜朱、黑二质，他色多不可。……用银者宜黑漆，但一时之美，久则黴暗）。

类别	饰料	性状	使用方法
贝钿	螺钿	有片,有沙。	螺钿,一名蜔嵌,一名陷蚌,一名坎螺,即螺填也,百般文图,点、抹、钩、条,总以精细密致如画为妙。又分截壳色,随彩而施缀者,光华可赏。又有片嵌者,界郭、理、皴皆以划文。又近有加沙者,沙有细粗(壳片古者厚而今者渐薄也。点、抹、钩、条,总五十有五等,无所不足也。壳色有青、黄、赤、白也。沙者,壳屑,分粗、中、细,或为树下苔藓,或为石面皴文,或为山头霞气,或为汀上细沙。头屑极粗者,以为冰裂文,或石皴亦用。凡沙与极薄片,宜磨显揩光,其色熠熠。共不宜朱质矣)。 衬色蜔嵌,即色底螺钿也,其文宜花鸟、草虫,各色莹彻焕然如佛朗嵌。又加金银衬者,俨似嵌金银片子,琴徽用之,亦好矣(此制多片嵌划理也)。 镌蜔,其文飞走、花果、人物、百象,有隐现为佳。壳色五彩自备,光耀射日,圆滑精细、沉重紧密为妙(壳色,钿螺、玉珧、老蚌等之壳也。圆滑精细,乃刻法也;沉重紧密,乃嵌法也)。
	玻瑎		百宝嵌……玻瑎……之类,与彩漆板子,错杂而镌刻镶嵌者,贵甚。
宝石	珊瑚、琥珀、玛瑙、玉石、象牙、犀角		百宝嵌,珊瑚、琥珀、玛瑙、宝石、玻瑎、钿螺、象牙、犀角之类,与彩漆板子,错杂而镌刻镶嵌者,贵甚(有隐起者,有平顶者,有近日加窑花烧色代玉石,亦一奇也)。

　　王世襄曾就《髹饰录》的分类逻辑将各门漆器款式进行了扩展。从其对各款漆器名称的罗列可见,明代漆艺由于加入了饰料的衬托而演化成种类更为繁多的髹饰类型:

门类	条目	种类	子类	
质色	金髹	贴金漆	黄糙贴金漆	
			黑糙贴金漆	
		泥金漆	黄糙泥金漆	
			黑糙泥金漆	
		贴银漆	黄糙贴银漆	
			黑糙贴银漆	
罩明	罩金髹	罩金髹		
		泥金罩漆		
		假金箔罩漆		
罩明	罩金髹	银箔罩漆		
		泥银罩漆		
		锡末罩漆		
	洒金	斑洒金	云气纹斑洒金	罩漆云气纹斑洒金
				揩光云气纹斑洒金
			缥霞纹斑洒金	罩漆缥霞纹斑洒金
				揩光缥霞纹斑洒金
			远山纹斑洒金	罩漆远山纹斑洒金
				揩光远山纹斑洒金
			连钱纹斑洒金	罩漆连钱纹斑洒金
				揩光连钱纹斑洒金
		麸银斑洒金	麸银云气斑洒金	罩漆麸银云气斑洒金
				揩光麸银云气斑洒金
			麸银缥霞斑洒金	罩漆麸银缥霞斑洒金
				揩光麸银缥霞斑洒金
			麸银远山斑洒金	罩漆麸银远山斑洒金
				揩光麸银远山斑洒金
			麸银连钱斑洒金	罩漆麸银连钱斑洒金
				揩光麸银连钱斑洒金
		假洒金		
		锡屑洒金		
		色糙洒金		

门类	条目	种类		子类
描饰	描金	朱地描金	朱地描金	朱地细钩描金
				朱地疏刻描金
				朱地黑漆理描金
			朱地彩金象描金	朱地彩金象细钩描金
				朱地彩金象疏刻描金
				朱地彩金象黑漆理描金
		黑地描金	黑地描金	黑地细钩描金
				黑地疏刻描金
				黑地黑漆理描金
			黑地彩金象描金	黑地彩金象细钩描金
				黑地彩金象疏刻描金
				黑地彩金象黑漆理描金
		浑金漆描金	浑金漆描金	浑金漆细钩描金
				浑金漆疏刻描金
				浑金漆黑漆理描金
			浑金漆彩金象描金	浑金漆彩金象细钩描金
				浑金漆彩金象疏刻描金
				浑金漆彩金象黑漆理描金

门类	条目	种类	子类
描饰	描金罩漆	黑髹描金罩漆	黑髹黑理钩描金罩漆
			黑髹写意描金罩漆
			黑髹白描描金罩漆
		赤髹描金罩漆	赤髹黑理钩描金罩漆
			赤髹写意描金罩漆
			赤髹白描描金罩漆
		黄髹描金罩漆	黄髹黑理钩描金罩漆
			黄髹写意描金罩漆
			黄髹白描描金罩漆
		黑髹描银罩漆	黑髹黑理钩描银罩漆
			黑髹写意描银罩漆
			黑髹白描描银罩漆
		赤髹描银罩漆	赤髹黑理钩描银罩漆
			赤髹写意描银罩漆
			赤髹白描描银罩漆
		黄髹描银罩漆	黄髹黑理钩描银罩漆
			黄髹写意描银罩漆
			黄髹白描描银罩漆
		黑髹假洒金地描金罩漆	黑髹假洒金地黑理钩描金罩漆
			黑髹假洒金地写意描金罩漆
			黑髹假洒金地白描描金罩漆
		赤髹假洒金地描金罩漆	赤髹假洒金地黑理钩描金罩漆
			赤髹假洒金地写意描金罩漆
			赤髹假洒金地白描描金罩漆
		黄髹假洒金地描金罩漆	黄髹假洒金地黑理钩描金罩漆
			黄髹假洒金地写意描金罩漆
			黄髹假洒金地白描描金罩漆
		黑髹假洒金地描银罩漆	黑髹假洒金地黑理钩描银罩漆
			黑髹假洒金地写意描银罩漆
			黑髹假洒金地白描描银罩漆
		赤髹假洒金地描银罩漆	赤髹假洒金地黑理钩描银罩漆
			赤髹假洒金地写意描银罩漆
			赤髹假洒金地白描描银罩漆
		黄髹假洒金地描银罩漆	黄髹假洒金地黑理钩描银罩漆
			黄髹假洒金地写意描银罩漆
			黄髹假洒金地白描描银罩漆

门类	条目	种类	子类
填嵌	螺钿	螺钿	
		分色螺钿	
		片嵌划文螺钿	
		加沙螺钿	
填嵌	嵌金	片嵌金	
		沙嵌金	
		丝嵌金	
		片沙丝杂施嵌银	
	嵌银	片嵌银	
		沙嵌银	
		丝嵌银	
		片沙丝杂银施嵌银	
	嵌金银	片嵌金银	
		沙嵌金银	
		丝嵌金银	
		片沙丝杂施嵌金银	

门类	条目	种类	子类	
阳识	识文描金	屑金识文描金	屑金金理识文描金	
			屑金划文识文描金	
			屑金黑理识文描金	
		泥金识文描金	泥金金理识文描金	
			泥金划文识文描金	
			泥金黑理识文描金	
	识文描漆	湿色识文描漆	湿色金理识文描漆	
		干色识文描漆	干色金理识文描漆	
	戗花漆	戗金戗花漆		
	堆漆	色漆堆漆	金地色漆堆漆	萃藻文金地色漆堆漆
				香草文金地色漆堆漆
				灵芝文金地色漆堆漆
				云钩文金地色漆堆漆
				绦环文金地色漆堆漆
			银地色漆堆漆	萃藻文银地色漆堆漆
				香草文银地色漆堆漆
				灵芝文银地色漆堆漆
				云钩文银地色漆堆漆
				绦环文银地色漆堆漆
		复色堆漆	金地复色堆漆	萃藻文金地复色堆漆
				香草文金地复色堆漆
				灵芝文金地复色堆漆
				云钩文金地复色堆漆
				绦环文金地复色堆漆
			银地复色堆漆	萃藻文银地复色堆漆
				香草文银地复色堆漆
				灵芝文银地复色堆漆
				云钩文银地复色堆漆
				绦环文银地复色堆漆

门类	条目	种类	子类
堆起	隐起描金	屑金隐起描金	屑金金理隐起描金
			屑金刻理隐起描金
		泥金隐起描金	泥金金理隐起描金
			泥金刻理隐起描金
	隐起描漆	干设色隐起描漆	干设色金理隐起描漆
		湿设色隐起描漆	湿设色金理隐起描漆
雕镂	镌蜔		
	款彩	漆色款彩	加金银漆色款彩
			金银纯杂漆色款彩
		油色款彩	加金银油色款彩
			金银纯杂油色款彩
戗划	戗金	朱地戗金	
		黑地戗金	
	戗银		

门类	条目	种类	子类
斒斓	描金加彩漆		
	描金加蜔		
	描金加蜔错彩漆		
	描金散沙金		
	描金错洒金加蜔		
	金理钩描漆	金理钩描漆	
		金钩填色描漆	
	描漆错蜔		
	金理钩描漆加蜔		
	金理钩描油	金细钩描油	
		金细钩填油色	
	金双钩螺钿	朱地金双钩螺钿	朱地金双钩螺钿（划理）
			朱地金双钩螺钿（金细钩）
		黑地金双钩螺钿	黑地金双钩螺钿（划理）
			黑地金双钩螺钿（金细钩）
	填漆加蜔	填漆加蜔	
		填漆加衬色螺钿	
	填漆加蜔金银片	填漆加蜔金片	
		填漆加蜔银片	
		填漆加蜔金银片	
	螺钿加金银片	螺钿加金片	
		螺钿加银片	
		螺钿加金银片	

门类	条目	种类	子类
斒斓	衬色螺钿		
	戗金细钩描漆	戗金细钩描漆	
		独色象戗金细钩描漆	朱地黑文独色象戗金细钩描漆
			黑地黄文独色象戗金细钩描漆
	戗金细钩填漆	戗金细钩填漆（无锦地）	
		填色锦文戗金细钩填漆	
		戗金锦文戗金细钩填漆	
	雕漆错镌蚼	雕漆错镌蚼（笔写厚堆者）	
		雕漆错镌蚼（髹板雕嵌者）	
	彩油错泥金加蚼金银片	彩油错泥金加蚼金银片	
		彩油错泥金加蚼金银片（加金屑者）	
		彩油错泥金加蚼金银片（加洒金者）	
	百宝嵌	隐起百宝嵌	
		平顶百宝嵌	
复饰	洒金地诸饰	洒金地金理钩螺钿	
		洒金地描金加蚼	
		洒金地金理钩描漆加蚌	
		洒金地金理钩描漆	
		洒金地识文描金	
		洒金地识文描漆	
		洒金地嵌镌螺	
		洒金地雕彩错镌螺	
		洒金地隐起描金	
		洒金地隐起描漆	
		洒金地雕漆	
复饰	细斑地诸饰	细斑地识文描漆	
		细斑地识文描金	
		细斑地识文描金加蚼	
		细斑地雕漆	
		细斑地嵌镌螺	
		细斑地雕彩错镌螺	
		细斑地隐起描金	
		细斑地隐起描漆	
		细斑地金理钩嵌蚌	
		细斑地戗金钩描漆	
		细斑地独色象戗金	

门类	条目	种类	子类
复饰	绮纹地诸饰	绮纹地识文描金	
		绮纹地识文描金加蜔	
		绮纹地嵌镌螺	
		绮纹地雕彩错镌螺	
		绮纹地隐起描金	
		绮纹地金理钩嵌蚌	
		绮纹地戗金钩描漆	
		绮纹独色象戗金	
	罗纹地诸饰	罗衣罗纹地诸饰	罗衣罗纹地金理描漆
			罗衣罗纹地识文描金
			罗衣罗纹地隐起描金
		漆起罗纹地诸饰	漆起罗纹地金理描漆
			漆起罗纹地识文描金
			漆起罗纹地隐起描金
		刀刻罗纹地诸饰	刀刻罗纹地金理描漆
			刀刻罗纹地识文描金
			刀刻罗纹地隐起描金
	锦纹戗金地诸饰	锦纹戗金地嵌镌螺	
		锦纹戗金地雕彩错镌螺	
		锦纹戗金地识文划理描漆	
		锦纹戗金地识文金理描漆	
		锦纹戗金地识文描金	
		锦纹戗金地撒花漆	
		锦纹戗金地隐起描金	
		锦纹戗金地隐起描漆	
		锦纹戗金地雕漆	
纹间	戗金间犀皮	戗金间磨斑犀皮	
		戗金间钻斑犀皮	
	款彩间犀皮		
	嵌蚌间填漆	嵌蚌间填漆	
		嵌蚌间细斑地	
		嵌蚌间绮纹地	
	填漆间螺钿		
	填蚌间戗金		
	嵌金间螺钿	嵌金间螺钿	
		嵌银间螺钿	
		嵌金银间螺钿	
		嵌金间地沙蚌	
		嵌银间地沙蚌	
		嵌金银间地沙蚌	

门类	条目	种类	子类
纹间	填漆间沙蚌	填漆间粗沙蚌	
		填漆间细沙蚌	
		填漆间眼子斑沙蚌	
裹衣	罗衣地诸饰	罗衣地识文金理描漆	
		罗衣地识文描金	
		罗衣地隐起描金	
单素	黄明单漆	黄明墨画加金单漆	
	罩朱单漆	罩朱描银单漆	

加饰实验

在《髹饰录》的记录里，金虽然是饰料中的一种，然而金色又与各种漆色并列为明代漆器颜色的一类。另外，黄氏在书中提到的假金箔，也可能包括烟金箔（硫磺烟熏银箔而成）、古铜箔，而银箔又以带金色的透明漆罩染，亦呈现出金色。由于金银色在配色设计中属于无彩系，可以与任一色彩搭配。黄成所谓"纯金花文也，朱地、黑质共宜焉"，[64]可见金色花纹与红地、黑地相互搭配是当时的流行款式。

---

64. ［明］黄成：《髹饰录》，杨明注，日本蒹葭堂藏抄本，第 40 页。

质色	色料	金饰效果（金色为模拟色彩）	
赤色	银朱		
	丹砂		
	铁丹		
	赤铁矿		
黑色	油烟墨		
	松烟		
	氧化亚铁		

由于金银饰料的加入，使得漆器表面的装饰效果变得金光闪闪；而另一类被广泛使用的饰料——螺钿，其晶莹剔透的质地令所加饰漆器的外表折射出奇光异彩。黄成所谓"百般文图，点、抹、钩、条，总以精细密致如画为妙"，[65]其原料则采自"螺钿、老蚌、车螯、玉珧之类"[66]。杨明又补充谓"壳色有青、黄、赤、白也"，然"其色熠熠、共不宜朱质"[67]。明代

---

65. 同上，第 44 页。
66. 同上，第 10 页。
67. 同上，第 45 页。

流行的螺钿装饰常与黑质搭配，红质被认为不适宜于螺钿器设计。另外，《髹饰录》还记录到明代薄螺钿装饰手法中有"分截壳色"，即依据壳片表面呈现不同的色彩将其分截成各款不同嵌件，然后根据效果所需分类嵌入，形成富有层次感的镶嵌效果。此外，还有"衬色蚰嵌"，即色底螺钿，也是明代所兴起的螺钿装饰技艺。在透薄的壳片底涂上漆色可增加蚰片的色彩变化，以令螺钿器表面效果更加绚丽灿烂。这两种螺钿工艺突出了明代漆艺的华丽特色，再加上金银、宝石等贵重饰料的相互搭配，至于百宝嵌，其效果就更加璀璨夺目了。

　　从以上分析可以想见，明代的漆工艺大量加入华贵饰料的目的是要达到一种亮丽典雅的效果。大量的金银色搭配层次变化丰富的漆色，在彼此的相互映衬之下相得益彰。明亮的金银色显示出一种奢华的美感，而螺钿饰料的加入则为漆器加以冷艳的青色及紫色光泽，其晶莹通透的质地又让一件漆器获得一种有如珍异般高贵的感觉。总而言之，这些反映出明代晚期的漆器装饰正在形成一股浪漫而浮华的奢侈设计趣味。

结　语

及至晚明时代，无论宫廷抑或民间所流行的奢侈漆艺并未因为时代的流转而改变，进入清代以后反而在此基础上变得更为华丽矫饰。尽管有学者认为《髹饰录》既然诞生自明代，清代才发展起来的髹饰类型理应不属其列。但从前面王世襄就《髹饰录》的分类逻辑对各门漆器款式的扩展可知，清代漆艺的嬗变依然能够将其视之为对《髹饰录》所记录各项漆艺知识的更新和发展。《髹饰录》的魅力便源于此，书中所运用的编撰手法与思想观念共同形成了一个开放结构，如网般将与中国漆艺相关的各种内容吸纳其中。同时，基于《髹饰录》所记录工艺内容的基本正确性，使其价值与地位必然具有划时代的意义。它的作者黄成既是一位掌握并了解相关工艺知识的能工巧匠，同时又是一位谙熟经典，懂得著书立说的有识之士。这类畴人哲匠在晚明之时大量涌现，显然并非偶然。

从黄成生活的背景可知，黄成所处的时代正处在中国工艺史上一个关键转折时期。尽管其时整个工匠系统仍然处于较为低下的社会位置，但已有个别情况变得例外。随着社会上层对名工的青睐，部分工匠能接受文化教育甚至得以超登。而明代中叶匠役的松绑则带来了民间工坊的兴盛与奢侈工艺品市场的发达。鉴赏之风劲吹与追逐名工出品的时尚相伴而行，超凡的匠人与富有的文人相互牵引。晚明工艺奢侈品市场的繁荣与其时商品经济的发展紧密相连。自15世纪中叶开始，中国依靠强大的产品制造力与丰富的商品种类拥占世界日用品市场的垄断地位，大量白银从海外通过贸易流向中国，强力地促进了沿海地区、特别是江南这样的手工业繁盛之地的商业发展与手工业的专业化生产。财富的聚拢、交通的便利、市场的发达，使得江南地区富有的文人士绅竞相造园，构筑理想的雅致生活。各类工艺技术与鉴赏知识随着商品化，得以被汇集起来编印成书并流行于知识市场，从而成为文人士绅乃至工匠等便捷地习得这些知识的重要中介。

由此看来，即便《髹饰录》三百年来曾寂寂无闻甚至一度罹陷失传的境地，但这并非是由于历代文人不重视工业技术所致；恰恰相反，正是因为明代富裕的文人士绅对漆艺的喜好与日增添，才促使《髹饰录》这类关于精致工艺的书籍产生。事实上，为了迎合其时文人阶层的审美趣味，《髹饰录》的作者甚至放弃了按漆艺制作的一般程序罗列各项知识，而代之以三才之道的描述框架统摄各部分的记录安排。如此一来正好突出了漆艺作为中国典型传统工艺技术的思想性。中国人自古以来所推崇的自然、和谐的造物理想便形塑自这类古老工艺传统。因而，《髹饰录》所彰显的造物观念其实并不只是对漆艺知识的形象重构，而是藉此以主角的身份重返中国古典造物的观念场域，并在进一步传导传统文化张力的同时又再次确认了漆艺在中国古典物质文明中显赫的地位。

参考资料

一、今刊古籍

［1］《周易》，北京：中华书局，2006 年。

［2］《尚书》，长沙：岳麓书社，2001 年。

［3］《庄子》，北京：中华书局，2010 年。

［4］《荀子》，郑州：中州古籍出版社，2008 年。

［5］《孟子》，北京：中华书局，2006 年。

［6］《老子》，郑州：中州古籍出版社，2004 年。

［7］《韩非子》上海：古籍出版社，1989 年。

［8］《论语》，北京：中华书局，2006 年。

［9］《国语》，上海：古籍出版社，1978 年。

［10］《吕氏春秋》，北京：中华书局，2011 年

［11］《文心雕龙》，北京：中华书局，2000 年。

［12］《淮南子》，北京：华龄出版社，2002 年。

［13］《说苑》，北京：北京大学出版社，2009 年。

［14］《春秋繁露》，北京：中华书局，1975 年。

［15］《汉书》，长春：吉林人民出版社，1995 年。

［16］《论衡》，上海：上海人民出版社，1974 年。

［17］《高士传》，北京：中华书局，1985 年。

［18］《后汉书》，长春：吉林人民出版社，1995 年。

［19］《宋史》，北京：中华书局，1977 年。

［20］《明史》，长春：吉林人民出版社，1995 年。

［21］《礼部志稿》，《景印文渊阁四库全书》册五九八，中国台北：台湾商务印书馆，1986 年。

［22］《大明会典》，《续修四库全书》册七九一，上海：古籍出版社，1996 年。

［23］《明太祖实录》，中国台北：台湾"中央"研究院历史语言研究所校印本，1962 年。

［24］《明熹宗实录》，中国台北：台湾"中央"研究院历史语言研究所校印本，1962 年。

［25］《明太宗实录》，中国台北：台湾"中央"研究院历史语言研究所校印本，1962 年。

［26］《明英宗实录》，中国台北：台湾"中央"研究院历史语言研究所校印本，1962 年。

［27］《嘉兴府志》，中国台北：成文出版有限公司，1983 年。

［28］《太古正音》，《续修四库全书》，上海：上海古籍出版社，1995 年。

［29］《天水冰山录》，北京：中华书局，1985 年。

［30］黄成：《髹饰录》，北京：中国人民大学出版社，2004 年。

［31］曹昭、王佐：《新增格古要论》，杭州：浙江人民出版社，2011 年。

［32］赵希鹄：《洞天清录》，《景印文渊阁四库全书》册八七一，中国台北：商务印书馆，1986 年。

［33］陶宗仪：《辍耕录》，北京：中华书局，1958 年。

［34］高濂：《遵生八笺》，成都：巴蜀书社，1992 年。

［35］吴骞：《尖阳丛笔》，上海：古籍出版社，1995 年。

［36］刘若愚：《酌中志》，北京：古籍出版社，2000 年。

［37］张爵：《京师五城坊巷衚衕集》，北京：古籍出版社，2000 年。

［38］刘若愚：《酌中志》，北京：古籍出版社，2000 年。

［39］刘侗、于奕正：《帝京景物略》，北京：古籍出版社，2000 年。

［40］沈德符：《万历野获编》，北京：文化艺术出版社，1998 年。

［41］茅一相：《绘妙》（王云五 主编《丛书集成初编》），上海：商务印书馆，
      1936 年。

［42］董其昌：《画禅室随笔》，济南：山东画报出版社，2007 年。

［43］张丑：《清河书画舫》，上海：古籍出版社，2011 年。

［44］尹直：《謇斋琐缀录》，中国台北：台湾学生书局据台湾图书馆藏明
      蓝格抄本影印，1969 年。

［45］王锜：《寓圃杂记》，北京：中华书局，1984 年。

［46］郎英：《七修类稿》，《续修四库全书》册一一二三，上海：古籍出版社，
      2002 年。

［47］汪玉珂：《珊瑚网》，《景印文渊阁四库全书》册八一八，中国台北：
      商务印书馆，1986 年。

［48］韩昂：《图绘宝鉴续纂》（图绘宝鉴〈附补遗〉卷六），北京：中华书局，
      1985 年。

［49］张岱：《夜航船》，成都：四川出版集团，四川文艺出版社，2002 年。

［50］徐沁：《明画录》，北京：中华书局，1985 年。

［51］姚之骃：《元明事类钞》，《景印文渊阁四库全书》册八一八，中国台北：
      商务印书馆，1986 年。

［52］陈霆：《两山墨谈》，北京：中华书局，1985 年。

［53］王士祯：《池北偶谈》，北京：中华书局，1982 年。

［54］方以智：《物理小识》，《景印文渊阁四库全书》册八六一，中国台北：
      商务印书馆，1986 年。

［55］屠隆：《考槃余事》，杭州：浙江人民美术出版社，2011 年。

［56］宋应星：《天工开物》，上海：上海古籍出版社，2008 年。

[57] 文震亨：《长物志》，杭州：浙江美术出版社，2011 年。

[58] 黄遵宪：《日本国志》，上海：古籍出版社，2001 年。

[59] 顾祖禹：《读史方舆纪要》，上海：书店出版社，1998 年。

[60] 孙承泽：《天府广记》，香港：龙门书店排印本，1968 年。

[61] 孙承泽：《春明梦余录》，北京：古籍出版社，1983 年。

[62] 高士奇：《金鳌退食笔记》，《文渊阁四库全书》册五八八，中国台北：
　　　台湾商务印书馆，1986 年。

[63] 朱一新：《京师坊巷志稿》，北京：古籍出版社，2000 年。

[64] 于中敏：《日下旧闻考》，北京：古籍出版社，2000 年。

[65] 胡敬：《国朝院画录》，《续修四库全书》一〇八二，上海：古籍出版社，
　　　1995 年。

[66] 方薰：《山静居画论》，北京：人民美术出版社，1959 年。

[67] 邓之诚：《骨董锁记》，中国台北：大立出版社，1985 年。

[68] 吴升：《大观录》，北京：全国图书馆文献缩微复制中心，2001 年。

[69] 何良俊：《四友斋丛说》，北京：中华书局，1997 年。

[70] 李时珍：《本草纲目》，南京：江苏人民出版社，2011 年。

[71] 张应文：《清秘藏》，《景印文渊阁四库全书》册八七二，中国台北：
　　　商务印书馆，1986 年。

二、近今著述

（一）论文

[1] 王世襄：《〈髹饰录〉——我国现存唯一的漆工专著》，《文物参考资料》，
　　　1957 年第 7 期。

[2] 王世襄：《中国古代髹饰工艺与漆画》，《美术》，1983 年 10 期。

［3］王世襄：《中国古代漆工杂述》，《文物》，1979 年第 3 期。

［4］王世襄：《明清家具的髹饰工艺》，《收藏家》，1999 年第 1 期。

［5］王世襄：《我与〈髹饰录解说〉》，《中国生漆》，2002 年第 2 期。

［6］长北：《〈髹饰录解说〉辩证》，《中国生漆》，2005 年第 2 期。

［7］长北：《〈髹饰录解说〉辨正》，《中国生漆》，2006 年第 1 期。

［8］长北：《论〈髹饰录〉》，《东南大学学报》，2006 年第 1 期。

［9］长北：《〈髹饰录〉版本校勘记》，《故宫博物院院刊》，2006 年第 1 期。

［10］长北：《我国古代漆器工艺的经典著作——论〈髹饰录〉》，《东南大学学报》，2006 年第 1 期。

［11］长北：《〈髹饰录〉寿笺并〈髹饰录解说〉引文校勘》，《故宫博物院院刊》，2008 年第 3 期。

［12］长北：《漆艺宝典〈髹饰录〉》，《中华文化画报》，2010 年第 4 期。

［13］张燕：《雕漆漆器》，《中国生漆》，1990 年第 3 期。

［14］张燕：《镂嵌填漆源流考》，《故宫文物月刊》，1999 年第 2 期。

［15］周怀松：《读〈髹饰录〉乾集"利用第一"章体会》，《中国生漆》，1988 年第 4 期。

［16］周怀松：《读〈髹饰录〉坤集"裹衣第十五""单素第十六""质法第十七"三章体会》，《中国生漆》，1989 年第 1 期。

［17］周怀松：《读〈髹饰录〉乾集"楷法第二"章体会》，《中国生漆》，1989 年第 2 期。

［18］周怀松：《读〈髹饰录〉坤集"质色第三""罩明第五"章体会》，《中国生漆》，1989 年第 4 期。

［19］周怀松：《读〈髹饰录〉坤集"纹䰐第四""描饰第六""填嵌第七"三章体会》，《中国生漆》，1990 年第 2 期。

［20］周怀松：《读〈髹饰录〉坤集"阳识第八""堆起第九""雕镂第十""戗划第十一"四章体会》，《中国生漆》，1990 年第 3 期。

［21］周怀松：《读〈髹饰录〉坤集"��斓第十二""复饰第十三""纹间第十四"三章体会》，《中国生漆》，1990 年第 4 期。

［22］杨恒：《〈髹饰录〉设计思想研究》（硕士学位论文），武汉理工大学，2008 年。

［23］宋本蓉：《非物质文化遗产保护视野下的传统手工技艺——以北京雕漆为例》，（博士学位论文），中国艺术研究院，2010 年。

［24］王琥：《漆艺术的传延》（博士学位论文），南京艺术学院，2003 年。

［25］何豪亮：《〈髹饰录〉的一些问题》，《中国生漆》，2011 年第 4 期。

［26］何豪亮：《漆艺单色髹涂》，《中国生漆》，1987 年第 2 期。

［27］沈福文：《漆器工艺技术资料简要》，《文物参考资料》，1957 年第 7 期。

［28］沈福文：《谈漆器》，《文物参考资料》，1957 年第 7 期。

［29］乔十光：《传统漆器工艺》，《中国文化遗产》，2004 年第 3 期。

［30］乔十光：《漆艺杂谈》，《美术向导》，2002 年第 4 期。

［31］陈绍棣：《〈髹饰录〉作者生平籍贯考述》，《文史》，北京：中华书局，1984 年。

［32］李经泽：《果园厂小考》，《上海文博》，2007 年第 1 期。

［33］李经泽、胡世昌：《剔犀漆器断代初探》，《收藏家》，1999 年第 5 期。

［34］李经泽、胡世昌：《洪武剔红漆器初探》，《故宫文物月刊》，2001 年第 4 期。

［35］李经泽、胡世昌：《洪武剔红漆器再探》，《故宫文物月刊》，2003 年第 9 期。

［36］李经泽：《略谈明漆器宣德款真伪》，《故宫文物月刊》，2004 年第 1 期。

［37］陈丽华：《中国古代漆器款式风格的演变及其对漆器辨伪的重要意义》，《故宫博物院院刊》，2004 年第 6 期。

［38］陈丽华：《明清剔彩漆器鉴定述略》，《故宫文物月刊》，1996 年第 1 期。

［39］陈丽华：《明代雕漆之断代与辨伪》，《故宫博物院院刊》，1996 年

第 3 期。

［40］陈丽华：《明代双龙漆盒》，《紫禁城》，1988 年第 1 期。

［41］陈振伦：《绚丽多彩的明代雕填漆器》，《故宫博物院院刊》，1982 年第 1 期。

［42］傅举有：《厚螺钿漆器——中国漆器螺钿装饰工艺之一》，《紫禁城》，2007 年第 1 期。

［43］傅举有：《薄螺钿漆器——中国漆器螺钿装饰工艺之二》，《紫禁城》，2008 年第 2 期。

［44］常罡：《"姜千里"抑或"江千里"？——由美国拍卖"姜千里造"款圆盒引发的考辨》，《收藏》，2012 年第 7 期。

［45］何立芳：《螺钿显绝艺——江千里四件作品赏析》，《文物鉴定与鉴赏》，2011 年第 9 期。

［46］杨海涛：《杯盘处处江秋水——赏江千里的螺钿〈西厢记〉漆盘》，《文物鉴定与鉴赏》，2011 年第 12 期。

［47］杨伯达：《明朱檀墓出土漆器补记》，《文物》，1980 年第 6 期。

［48］朱家溍：《元明雕漆概说》，《故宫博物院院刊》，1983 年第 2 期。

［49］朱家溍：《清代漆器概述》，《文物》，1994 年第 2 期。

［50］李久芳：《明代漆器的时代特征及重要成就》，《故宫博物院院刊》，1992 年第 3 期。

［51］李久芳：《剔彩"林檎双鹂捧盒"》，《故宫博物院院刊》，1981 年第 2 期。

［52］李久芳：《明代剔红漆器和时大彬紫砂壶》，《故宫博物院院刊》，1997 年第 4 期。

［53］张荣：《百宝嵌——漆艺中的奇葩》，《紫禁城》，1991 年第 3 期。

［54］张广文：《明宣德款雕填漆器》，《故宫博物院院刊》，1982 年第 4 期。

［55］张广文：《永乐款漆器》，《中原文物》，2000 年第 1 期。

［56］郑鑫：《明代漆艺家杨埙籍贯献疑》，《美术观察》，2012 年第 10 期。

［57］张飞龙：《中国古代漆器制胎技术》，《中国生漆》，2008 年第 1 期。

［58］张飞龙：《中国硬木螺钿镶嵌工艺溯源》，《中国生漆》，2011 年第 2 期。

（二）书籍

［1］朱启钤：《漆书》（油印本），清华大学图书馆藏本，1958 年。

［2］王世襄：《髹饰录解说》，北京：文物出版社，1983 年。

［3］王世襄：《中国古代漆器》，北京：文物出版社，1987 年。

［4］王世襄：《锦灰堆》，北京：三联书店，2000 年。

［5］索予明：《蒹葭堂本髹饰录解说》，中国台北：商务印书馆，1974 年。

［6］索予明：《漆园外撷——故宫文物杂谈》，中国台北：台北故宫博物
　　院，2000 年。

［7］索予明：《中华五千年文物集刊·漆器篇》，中国台北：台北故宫博
　　物院，1984 年。

［8］索予明：《雕漆器的故事》，中国台北：台湾行政会文建会，1987 年。

［9］索予明：《海外遗珍·漆器》，中国台北：故宫博物院，1987 年。

［10］长北：《髹饰录图说》，济南：山东画报出版社，2007 年。

［11］长北：《漆艺》，北京：大象出版社，2010 年。

［12］乔十光：《漆艺》，杭州：中国美术学院出版社，2004 年。

［13］乔十光：《中国传统工艺全集·漆艺》，郑州：大象出版社，2004 年。

［14］郑师许：《漆器考》，上海：中华书局，1936 年。

［15］沈福文：《中国漆艺美术史》，北京：人民美术出版社，1991 年。

［16］沈福文：《漆器工艺技法撷要》，北京：轻工业出版社，1984 年。

［17］何豪亮、陶世智：《漆艺髹饰学》，福州：福建美术出版社，1990 年。

［18］吴凤培：《中国古代雕漆锦地艺术之研究》，中国台北：台北故宫博
　　物院，1982 年。

［19］蓋瑞忠：《中国漆工艺的技术研究》，中国台北：台湾商务印书馆，

1972 年。

[20] 范和钧:《中华漆饰艺术》,北京:人民美术出版社,1987 年。

[21] 朱家溍:《中国漆器全集》(六册),福州:福建美术出版社,1993
～ 1998 年。

[22] 周成:《中国古代漆器》,中国台北:台湾编译馆中华丛书编审委员
会,1981 年。

[23]《故宫雕漆器选萃》,中国台北:台北故宫博物院,1971 年。

[24]《故宫漆器特展目录》,中国台北:台北故宫博物院,1981 年。

[25] 国立故宫博物院:《和光剔彩——故宫藏漆》,中国台北:台北故宫
博物院,2008 年。

[26] 陈丽华:《漆器鉴识》,桂林:广西师范大学出版社,2002 年。

[27] 陈丽华:《古漆器鉴赏与收藏》,长春:吉林科学技术出版社,1996 年。

[28] 陈丽华:《故宫漆器图典》,北京:故宫博物院,2012 年。

[29] 黄迪杞、戴光品:《中国漆器精华》,福州:福建美术出版社,2003 年。

[30] 聂菲:《中国古代漆器鉴赏》,成都:四川大学出版社,2002 年。

[31] 聂菲:《辨藏中国古代漆器》,天津:百花文艺出版社,2013 年。

[32] 张飞龙:《中国髹漆工艺与漆器保护》,北京:科学出版社,2010 年。

[33] 裘玎:《丹漆随梦——中国古代漆器艺术》,北京:中国书店出版社,
2012 年。

[34] 夏更起:《元明漆器》,上海:上海科学技术出版社,2006 年。

[35] 李久芳:《清代漆器》,上海:上海科学技术出版社,2006 年。

[36] 张荣:《古代漆器》,北京:文物出版社,2005 年。

[37] 香港中文大学文物馆:《中国古代漆器研讨会论文集》,中国香港:
中文大学文物馆,2012 年。

[38] 香港中文大学文物馆:《叠彩:抱一斋藏中国漆器》,中国香港:中
文大学中国文化研究所文物馆,2010 年。

［39］关善明：《中国螺钿》，中国香港：沐文堂美术出版社，2003 年。

［40］关善明：《中国漆艺》，中国香港：沐文堂美术出版社，2003 年。

［41］朱仲岳：《漆器》，上海：古籍出版社，1995 年。

［42］张连生、单德林：《漆器制作技法》，北京：工艺美术出版社，1999 年。

［43］李小康：《中国传统漆器》，北京：人民美术出版社，2005 年。

［44］铁源：《中国古代漆器》，北京：华龄出版社，2005 年。

［45］李一之：《雕漆》，北京：美术摄影出版社，2012 年。

［46］李一之：《中国雕漆简史》，北京：轻工业出版社，1989 年。

［47］柏德元：《北京金漆镶嵌》，北京：美术摄影出版社，2012 年。

［48］俞磊、高艳：《中国传统油漆修饰技艺》，北京：中国计划出版社，
2006 年。

［49］瓮纪军：《千文万华：漆艺》，上海：科技教育出版社，2006 年。

［50］王琥：《漆艺概要》，南京：江苏美术出版社，1999 年。

［51］倪建林：《髹漆成器：漆器艺术》，重庆：西南师范大学出版社，2009 年。

［52］陈伟：《中国漆器艺术对西方的影响》，北京：人民出版社，2012 年。

［53］诸葛铠：《朱墨流韵》，北京：三联书店，2000 年。

［54］沈从文：《螺钿史话》，沈阳：万卷出版公司，2005 年。

三、外文著述

（一）英文

［1］Craig Clunas, "Luxury Knowledge: The Xiushilu（'Records of Lacquering'）of 1625", in Techniques et Cultures, 29 (1997): 27-40.

［2］Craig Clunas, "The taste for Japanese lacquer in the late Ming; the textual evidence", Far Eastern Department Working Day on the Late Ming (privately circulated), 1985.

［3］ Derek Clifford, Chinese Carved Lacquer. London : Bamboo Pub., 1992.

［4］ Fritz Low-Beer, Chinese lacquer of the Ming period. Oìˆstasiatiska Museet 1950.

［5］ Harry M. Garner, Chinese Lacquer (The Arts of the East), Faber & Faber, 1979.

［6］ Harry M. Garner. "Two Chinese Carved Lacquer Boxes of the Fifteenth Century in the Freer Gallery of Art". ARS Orientalis, IX , 1973: 41-50.

［7］ Harry M. Garner, "The Export of Chinese Lacquer to Japan in the Yuan and Early Ming Dynasties". Archives of Asian Art. 24-25(1970-1973): 6-28.

［8］ Hirokazu Arakawa, On the Chinese Kyushitsu Method, Based on a Study of Kyushoku-roku, N. S.

［9］ Perry Smith Brommelle, ed. Urushi: proceedings of the Urushi Study Group June 10-27, 1985. The Getty Conservation Instiure, 1988: 1-3.

［10］ James C. Y. Watt, Barbara Ford, East Asian Lacquer: The Florence and Herbert Irving Collection. New York: Metropolitan Museum of Art: Distributed by Abrams, 1991.

［11］ Manchen-Helfen Low-Beer, "Carved Red Lacquer of the Ming Period". Barlington Magazine. Oct. 1936.

［12］ Manchen-Helfen Low-Beer, "Chinese Lacquer of the 15th Century". B.M.F.E.A., 22, 1995: 154-167.

［13］ Lee King-tsi, Hu Shih-chang, "Carved Lacquer of the Hongwu Period". Oriental Art, Vol.XLVII No.1, 2001.

［14］ Lacquer: An International History and Illustrated Survey. Harry N. Abrams. Inc., Publishers, New York, 1984.

［15］ Peter Y.K. Lam, ed. 2000 Years of Chinese Lacquer Art. Hong Kong:

Oriental Ceramic Society of Hong Kong and Art Gallery, the Chinese University of Hong Kong, 1993.

［16］Regina & Morgan, Brian Krahl, From Innovation to Conformity: Chinese Lacquer From the 13th to 16th Centuries, Bluett and Sons Ltd., 1989.

［17］Sammy Y. Lee. Chinese Lacquer. Edinburgh : Royal Scottish Museum, 1964.

［18］Filippo Bonanni, Techniques of Chinese Lacquer: The Classic Eihteenth-Century Treastise on Asian Varnish, translated by Flavia Perugini, Los Angeles: J. Paul Getty Museum, 2009.

（二）日文

［1］德川美術館、根津美術館：『彫漆－うるしのレリーフ』，德川美術館出版，1984.

［2］德川義宣：『唐物漆器─中国・朝鮮・琉球』，名古屋：德川美術館，1997.

［3］芹沢閑：「髹飾錄の復活刊行」，『日本漆工会会报』，NO.321.

［4］今泉雄作：「髹飾錄笺解」，『国華』，1899 ～ 1903.

［5］六角紫水：『東洋漆工史』，雄山閣，1932.

［6］六角紫水：「支那漆藝の發達と其趣味・支那の工藝」，『講演集・第41 ～ 43 回』，東京：啟明會事務所・北隆館，1931.

［7］荒川浩和：「明清の漆工芸と髹飾録」，『東京国立博物館研究誌Museum』，1963.

［8］荒川浩和：「彫漆とその鑒賞」，『古美術』，1984.

［9］荒川浩和：『彫漆』，美術撰集第八卷抜刷，1974.

［10］荒川浩和：『螺鈿』，同朋舎，1985.

［11］坂部幸太郎：「髹飾録考」，『漆事伝』松雲居私記，私版，終編―109（1972）．

［12］樋口雄作：「髹飾录―わが国に唯一る中国（明）時代の漆藝技法書」，『工芸学会通信』四六号，1986（3）．

［13］佐藤武敏：「髹飾録について―そのテキストと注釈を中心に」，『東京国立博物館研究誌 Museum』1988（11）．

［14］田川真千子：『髹飾録の実験的研究』，奈良女子大学松岡研究室，1997．

［15］東京国立博物館：『東洋の漆工芸』，東京国立博物館，1977．

［16］東京国立博物館：『中国の螺鈿』，東京国立博物館，1981．

［17］東京国立博物館：『中国の螺鈿―十四世紀から十七世紀を中心に―特別展観』，東京国立博物館，1979．

［18］岡田讓：『東洋漆芸史の研究』，中央公論美術出版，1978．

［19］岡田讓：「屈輪文彫漆について」，『東京国立博物館研究誌 Museum』，1977．

［20］東京美術倶樂部青年会：『中国の漆工芸』，東京美術倶樂部青年会，1970．

［21］西岡康宏：「明代・万暦初期の彫漆作品について」，『東京国立博物館研究誌 Museum』，1978．

［22］高橋博隆：「古代の螺鈿～中国・日本・朝鮮～」，『関西大学考古学研究室開設四十周年記念考古学論叢』，関西大学考古学研究室，1993．

［23］河田貞：「漆工芸の展開―中国・朝鮮半島・日本～」，『漆の貌～中国・朝鮮・日本～』，浦添市美術館，1993．

［24］九州博物館：『彫漆～漆に刻む文様の美』，九州博物館，2011．

［25］渋谷区立松涛美術館：『中国の漆工芸』，渋谷区立松涛美術館，

1991.

（三）韩文

［1］金锺太：『漆器工藝論』，漢城：一志社，1976.

［2］李宗宪：『東亞洲漆藝：中．韓．日漆器』，서울：古好，2008.

［3］『중국칠기의 美』，서울：Goho art books，2007.

［4］권상오：『칠공예～천연칠의 매력과 표현기법』，조형사，1997.

［5］권상오：『나전공예』，대원사，2007.

后　记

　　这套"设计东方学文丛",是中国美术学院学科和人才队伍建设成果之一。由我主编,是大家对我的信任。

　　2013年9月12日,中国美术学院人事处公布"关于开展学院'领航人才支持计划'和'青年人才支持计划'申报与评选工作的通知"。我配合学校安排,组建以"设计东方学"为团队名称的领航团队,成员由陈永怡、连冕、陈晶、何振纪、黄世中,共5人组成。其中前4位,均为校内教师,只有黄世中教授为外聘,并且已是著作等身、卓有成就的旅美著名学者。另外,由中国美术学院副院长杭间教授担任领航团队学术指导。

　　付梓面世的"设计东方学文丛",一套3种,其中有黄世中教授的《东方思想文化论纲——中国易、儒、道、佛、诗评述》、青年教师何振纪的《〈髹饰录〉新诠》。前著内容侧重于哲学思想的东方性,后著内容主要突出物质文化的东方性,两部著作奠定了团队成果的基石。此外,为了让更多人参与到设计东方学建设中来,我又单独编了一本《设计东方学的观念和轮廓》。此文集除收入团队成员论文外,还特别邀约了日本著名作家盐野米松先生、国际日本文化研究中心著名世界文学与语言学者郭燕南教授,以及敦煌研究院的敦煌学专家张元林研究员、清华大学美术学院设计史论专家朱彦副教授等撰写论文。

"设计东方学"领航团队除了出版这套丛书外，还与中国美术学院设计艺术学院教师一起，围绕如何开展东方特色的设计教学，召开了 3 次研讨会。

领航团队建设周期 3 年，在整个工作中，得到了设计艺术学院师生、人事处有关领导，以及杭间教授的大力支持。中国美术学院出版社责任编辑张惠卿费心编辑、耕耘劳作令人感动。在此我谨代表团队，对上述提到名字的，以及没有提到名字的相关者所给予的关怀和支持，表示深切的感谢。

"设计东方学"是时代新命题，其建设之路漫长而艰难。但是，只有大家齐心同力，集思广益，才能一树百获，走得高远。

郑巨欣

2017 年 4 月 21 日

责任编辑　张惠卿
装帧设计　俞佳迪
责任校对　朱　奇
责任印制　毛　翠

图书在版编目（ＣＩＰ）数据

《髹饰录》新诠 / 何振纪著. -- 杭州 : 中国美术
学院出版社，2016.12
（设计东方学文丛 / 郑巨欣主编）
ISBN 978-7-5503-1259-3

Ⅰ. ①髹… Ⅱ. ①何… Ⅲ. ①漆器－生产工艺－中国
－明代②《髹饰录》－研究 Ⅳ. ①TS959.3

中国版本图书馆CIP数据核字(2016)第319458号

《髹饰录》新诠

郑巨欣　主编　何振纪　著

出 品 人　祝平凡
出版发行　中国美术学院出版社
地　　址　中国·杭州南山路218号 / 邮政编码：310002
网　　址　http://www.caapress.com
经　　销　全国新华书店
制　　版　杭州海洋电脑制版印刷有限公司
印　　刷　浙江省邮电印刷股份有限公司
版　　次　2017年6月第1版
印　　次　2017年6月第1次印刷
印　　张　19.25
开　　本　787mm×1092mm　1/16
字　　数　208千
书　　号　ISBN 978-7-5503-1259-3
定　　价　108.00元